戦艦大和の歴史社会学

軍事技術と日本の自画像

塚原真梨佳
Tsukahara Marika

新曜社

戦艦大和の歴史社会学　目次

装幀＝吉田憲二

凡例

・単行本、新聞、雑誌名は『　』で、新聞、雑誌の記事名は「　」で示す。
・引用に際し、文献表記は基本的に「社会学評論スタイルガイド」(第三版) に従う。
・一部の雑誌記事からの引用に際しては、出典情報を次のように記す。
例：『海軍 The Navy』(1906. 1(3): 10)
→『海軍 The Navy』一九〇六年一巻三号の一〇頁を参照。
・新聞記事からの引用に際しては、出典情報を次のように記す。
例：『東京朝日新聞』(1921. 12. 16. 朝刊 : 5)
→『東京朝日新聞』一九二一年一二月一六日の朝刊五面を参照。
・資料の引用に際して、原則として旧字体を新字体にあらためた。
・仮名遣いは原則として原文どおりとする。
・邦訳のない文献の直接引用文については、すべて著者による訳文である。
・基本的には漢数字を用いるが、資料からの引用文中や出典情報については原文表記に従う。
・引用文中の引用者による補足は〔　〕で示す。
・引用文中の引用者による中略は〔中略〕で示す。
・引用文中の強調やルビは、とくに断りがない限り、原文どおりとする。

序章　旧軍の記憶と科学技術立国ニッポンの自画像

一八六八年に明治政府が成立し、近代化を開始して以降、日本は現在まで一貫して科学技術による立国を志向してきた。日本の近代化が推進される中で、殖産興業・富国強兵というスローガンが掲げられたが、いずれも科学技術の導入及び産業の工業化が前提とされた。

そのような近代化の推進が行き着いた先が太平洋戦争であり、敗戦であった。しかし戦後においても、明治以来の科学技術による立国という思想自体は継承された。一九四五年八月一五日の夕方、当時の首相鈴木貫太郎は、新日本建設のためには「今回の戦争における最大欠陥であった科学技術の振興に努める外ない」との談話を発表している[1]。すなわち、敗戦によって崩壊した国家の再建は、まず何よりも科学技術の振興によって果たされるものであると考えられたのである。

バブルが崩壊し日本経済が低迷し始めた一九九五年に科学技術基本法が成立し、科学技術の振興が再び国是として目指された際にも「科学技術創造立国」というスローガンが盛んに用いられている。

このように、近代国家としての日本は、常に国家の構築の基盤に科学技術の振興をおいてきた。

科学技術立国ニッポンというとき、しばしば連想されるのは家電や自動車、半導体といった産業分野における民生技術の数々である。しかし、日本が科学技術を追求してきたのは庶民の生活を豊かにする民生技術だけではない。その対極に位置付けられることもある軍事技術においてもまた日本は自国の科学技術を追求し続けてきた。

第二次大戦前はむしろ、軍事技術こそが日本の科学技術開発の一丁目一番地であった。後進国である日本が欧米列強と肩を並べるには、同等の強大な軍事力が必要とされた。そしてこの時期の軍事力とは甲鉄の艦隊に代表されるような科学技術によって構成された近代軍隊であった。また、戦後憲法で戦争放棄を謳ってもなお日本は世界第七位の軍事力を有する軍事大国でもある。つまり科学技術立国ニッポンは、家電や自動車のみならず戦艦や戦闘機によっても形作られているといえる。

であるならば、科学技術立国ニッポンというアイデンティティには軍事技術の存在もまた深く根ざしているはずである。本書が問うのは、軍事技術は日本あるいは日本人のアイデンティティといかに結びついてきたのであろうか、そこで我々はいかなる日本の自己像を構想してきたのであろうかという点である。

1　日本人のアイデンティティの拠り所としての軍事技術

文化ナショナリズムや言語ナショナリズムなど、○○ナショナリズムという語は通常、ナショナル・アイデンティティの構築において、○○にあたる部分すなわち「文化」や「国語」の役割を重視するものを指す。では、テクノロジー（科学技術）によってある種のナショナル・アイデンティティが構築されるというのは一体どのような事態を指すのだろうか。

テクノ・ナショナリズムという術語は、技術開発や経済競争のグローバル化を背景として登場してきた。経済学者のシルヴィア・オストリーとリチャード・ネルソンは、テクノ・グローバリズムとの対立概念としてテクノ・ナショナリズムという術語を用い、国内の産業技術を国家が保護・推進する一連の技術政策を捉え、その展開と限界から世界経済の動向を分析する。[2] また、サイモン・パートナーは日本の戦後から高度経済成長期にかけての科学技術の急速な発展における国家的役割をテクノ・ナショナリズムと定義している。[3]

このような経済学の潮流とは別に、主に社会学の領域で本来の含意とは異なる形でテクノ・ナショナリズムを捉える研究が、一九九〇年代末から二〇〇〇年代にかけて日本国内で登場してくる。これらの研究ではテクノ・ナショナリズムをより広義に理解し、科学技術に依拠したナショナリティの構築や科学技術を自国のナショナル・アイデンティティのよすがとして誇示するような言説的実践をもテクノ・ナショナリズム概念に含め、分析を行っている。社会学者の阿部潔や吉見俊哉は、戦後日本の家電や自動車といった民生技術をめぐる言説・表象の分析から、敗戦後の日本国民が科学技術開発というプロジェクトを通じて日本国民としてのアイデンティティをいかに再構築しようと試みたのかを明らかにした[4]。

社会学者の吉野耕作は、文化ナショナリズムを「ネーションの文化的アイデンティティが欠如していたり、不安定であったり、脅威にさらされている時に、その創造、維持、強化を通してナショナルな共同体の再生をめざす活動[5]」と定義している。

科学技術を一種の文化的活動とすれば、先行研究が明らかにしてきたような、敗戦後の日本における科学技術の追求を通じたナショナル・アイデンティティの再構築は、まさに文化的アイデンティティの創造、維持、強化を通じたナショナルな共同体の再生を目指す行為であるといえよう。さらにいえば、幕末・明治にかけて開国を迫られ、西洋化あるいは近代化を果たしていった過程もまた、それ以前の日本人の文化的アイデンティティが脅威にさらされ、不安定になっていった時期である。ならば、そのようなアイデンティティの不安の中で、近代科学技術を自己の文化として取り込み、文化的アイデンティティを創造していった過程として、日本の近代化・工業化の中心地となった旧日本軍による軍事技術開発を捉えることも可能であろう。

よって本書では、吉野の定義を援用しつつ、「自国の科学技術開発やその所産を拠り所としてナショナルな共同体のアイデンティティを構築していくような活動」とテクノ・ナショナリズムを定義したい。

しかし改めて考えてみると、自国の科学技術力なるものによってナショナルな意識が喚起されたり、それに依拠したアイデンティティが構築されたりする事態とは何とも不思議なものである。他の多くの文化ナショナリズムがその基盤とするような伝統文化や歴史的神話、国語、自国の自然・風土などと異なり、科学技術は必ずしも自国内発的でなければ、自国の習俗や古い歴史に根ざしているとも限らない。特に技術後進国として科学技術開発に着手した日本においてはその傾向はより顕著である。(6)

では、本来国籍なるものを持たず近代の産物である科学技術を自国のアイデンティティの拠り所とみなすような知的基盤はいかに準備されたのだろうか。本書では、軍事技術開発というプロジェクトを通じて、当時の人々の思考や認識の中で科学技術と自国のアイデンティティとが結びついていく過程を見ていく。

2　戦艦大和はなぜ科学技術のシンボルとして発見されたのか？

一口に軍事技術といっても様々なものがあるが、なかでも本書が研究対象とするのは「戦艦」およびそれを作り上げる「戦艦建造技術（以下、造艦技術）」である。

戦艦とは軍用艦船の一種で、様々な艦種の中でも最も強力な砲撃能力や堅牢な装甲を備えている艦船であり、海軍艦隊の花形とも目される。近代海軍の父として知られるアルフレッド・マハンの『海上権力史論』が各国で真剣に参照・研究されたことからもうかがえるように、近代の戦争においては海軍力を含めたシーパワーを強化し、制海権を得ることが重視されていた。そのような思想的背景のもとで、戦艦は各国のシーパワーの象徴的存在であった。さらに言えば優れた戦艦はその国の経済力、工業力、科学技術力を示すものでもあり、その意味で戦艦は単なる兵器を超えた文明の象徴としての機能も果たしていた。

ゆえに本書では、ときに本来の用途を超えた意味が見出される戦艦を研究対象とするわけであるが、このような戦艦の象徴性は、戦艦が日本において実際に開発され、運用されていた時期以降にも失われていなかった。その代表的存在が本書で特に注目する戦艦大和である。

戦艦大和は一九四〇年に進水した戦艦であり、当時世界最大排水量および世界最大主砲を備えた旧日本海軍の技術的到達点ともいえる戦艦である。大和自体は一九四五年に沖縄方面へと出撃する途中で撃沈したが、大和をはじめとした日本海軍の戦艦建造の歴史とその成果は、戦後においても一定の存在感を示すこととなる。敗戦後、旧軍は解体され造船や航空、原子力といった軍事技術開発につながる技術開発は厳しい制限下に置かれた。また社会思想の面においても戦前の軍国的なものは戦後平和主義のもと否定されていく。だが、少年文化をはじめとした戦後の特定の領域においては、戦争や軍事を積極的に評価し趣味的に受容する共同体が形成されてもいた。そのような領域において、旧日本海軍の自国産造艦技術開発とその成果は、かつての自国の輝かしい歴史として参照されていくことになる。

とりわけ、大和は高い人気を有し、[7]雑誌や児童書、映画など様々なメディアにおいて繰り返し言及された。[8]そのような語りの中で大和はしばしば日本の科学技術の記念碑的存在として語られる。確かに大和は建造当時の日本の科学技術の粋を集めて造り上げられた戦艦である。

しかし同時に大和は、第3章で詳述するように「大艦巨砲主義」という日本海軍の敗因とされるイデオロギーの象徴的存在でもあり、さらに言えば巨額の予算と資源を投入して建造された大和は大日本帝国の軍国主義を想起させる、いわば呪われた存在でもあったはずである。それにもかかわらず戦艦大和は終戦後のかなり早い段階から科学技術の象徴としてポジティブに見出されていく。

敗戦後、戦後平和主義的価値観の下で軍国的なものが悪しき過去として退けられていく中で、なぜ戦艦大和は敗戦とも軍国とも異なる「日本の科学技術の象徴」というイメージを獲得し得たのだろうか。本書では、敗戦後の日本社会において戦前に軍事機密として国民に秘匿されていた大和がいかにして発見されたか、そのプロセスの分析を通じて、大和がなぜ科学技術の象徴として見出されたのか(あるいは見出されなければならなかったのか)を説明する。

これらの問いを明らかにすることは、敗戦後の日本において「軍事技術」という存在がいかなるものと考えられていたかを理解するとともに、敗戦後の日本において、いかにしてナショナル・アイデンティティが再構築されていったかを理解することにつながるだろう。

3　戦後日本社会と旧軍技術という「遺産」

科学技術のシンボルとなった戦艦大和の物語は、科学技術による復興を国是とし、経済発展に邁進する戦後日本において、自国のプライドを鼓舞し、アイデンティティの基盤として機能するある種の神話としての役割を果たすようになる。敗戦から一〇年、二〇年と経過し、戦後日本が高度経済成長を達成してもなお大和は人々の記憶から薄れることなく存在し続けていた。

戦後日本のテクノ・ナショナリズムに関する社会学的研究においては、主に高度経済成長期以降の産業界における民生技術についての言説・表象が研究対象となってきた。これらの研究は、戦後日本のナショナル・アイデンティティが常にアメリカをはじめとした西洋との同一化、西洋からの眼差しの内面化を伴って構築されたことを示すと同時に、それを科学技術という存在が媒介することで可能となった過程を明らかにした点に意義がある。

しかしながら先行研究の多くが分析の起点を戦後に置き、戦前と戦後が断絶したものとして描かれているために、科学技術を媒介としたナショナル・アイデンティティの構築において歴史的な側面が見落とされてきたという問題がある[9]。確かに敗戦を境に日本社会はその構造や価値観を大きく転換させたが、その一方で戦前の日本社会から継承されたものも少なくない。本書が研究対象とする戦艦大和についての語りもその一つであろうし、そもそも科学技術の発展自体が戦前と戦後で単純に分断されるものでもない。だとすれば、科学技術を媒介としたナショナル・アイデンティティという構想においても戦前と戦後の連続性を考慮に入れる必要がある[10]。

本書では、戦艦大和をはじめとした旧軍技術開発の歴史が戦後日本社会で、いかなる文脈において、どのようなレトリックやロジックで物語られたのか、そしていかなる理路を経て旧軍技術開発の歴史と戦後日本のナショナルな意識とが結びついたのかを説明することを通じて、科学技術に依拠した日本のナショナル・アイデンティティにおける歴史的側面に照明を当てる。

中でも本書が注目するのは戦艦大和の語りにおける「大和＝科学技術立国の礎」論とでも呼ぶべき語りの型である。大和は戦後、日本の科学技術の象徴として見出されていくが、その過程で戦艦大和を造り上げた科学技術力やそこで培われたノウハウ、設備などが戦後日本の経済復興を支えたとする主張が登場する。すなわち、戦後日本の復興や経済発展は旧軍の大いなる遺産によって成し遂げられたとする見方である。このような科学技術史観においては、戦前と戦後は断絶しているというよりもむしろ、戦前の歴史の上に戦後の科学技術の発展と成功があるとしてその連続性こそが重要視されている。

しかし、高度経済成長を達成し、造船や自動車、家電など世界ナンバーワンともいえる戦後民生技術が次々と登場する中で、なぜそのような成功が、過去の、しかも悪しきものとして退けられたはずの旧軍の技術開発と結びつけて語られる必要があったのだろうか。

本書ではこの問いに対し説明を試みることで、先行研究が残した日本のテクノ・ナショナリズムにおける歴史的側面を解明する地点へと歩みを進めたい。

4　研究目的と方法

本書の目的は、近現代日本において、軍事技術を拠り所にしていかなるナショナル・アイデンティティが構築されてきたのかのプロセスを説明するとともに、そこで語られてきた軍事技術をめぐるテクノ・ナショナリズム言説の特徴を明らかにすることである。明治から平成までの軍事雑誌や新聞を一次資料とし、軍事技術、特に造艦技術に関する言説を分析することで、軍事技術開発という営みがいかにしてある種のナショナリズムを喚起し、日本という国家のアイデンティティの次元に結びつけられていったかを検討していく。

本書における問いは大きく二つ設定されている。日本におけるテクノ・ナショナリズムを理解するためには、まず、実際に国家ぐるみの軍事技術開発が行われていた時代において科学技術、とりわけ軍事技術にナショナルなものを見出す知的基盤がいかに、そしてなぜ準備されたのかを問う必要がある。なぜならば、他の文化的ナショナリズムが依拠する文化と異なり、科学技術は必ずしも自国の歴史・伝統に根ざす内発的なものとは限らないからである。

そのプロセスを踏まえた上で、敗戦後、社会全体が戦後民主主義的価値観へ「転向」していく中で、過去の軍国主義を想起させる軍事技術がなぜ戦後においてもナショナルな象徴として人々に記憶されていったのかを明らかにしていく。

何らかの言説を分析する上で、どのような資料を用いるかは重要である。本書では軍事技術に関する言説が構築される言説空間として、とりわけ「軍事雑誌」というメディアに注目している。

軍事雑誌とは、軍事問題や戦記・戦史、兵器メカニズム、戦略・戦術をはじめとした軍事に関連するトピックを扱う雑誌のことを指す。軍事を主題とするものであれば、プラモデルや空想科学小説・仮想戦記といったフィクションも軍事雑誌の取り扱い範囲となる。また軍事雑誌は、軍事組織の広報誌の役割を果たすこともある。特に戦前戦中においては、旧日本陸海軍が自軍の広報や陸海軍思想の啓蒙を目的に、出版社に対し『若桜』や『海軍』など雑誌の刊行を依頼していた。戦後においては、太平洋戦争の「真相」や「真実」を明らかにするための戦記を記す空間として始まり、その後模型や漫画雑誌といった少年文化と結びつきながら、戦記や兵器メカニズムを一種の娯楽として消費するミリタリー・カルチャーを形成していった。

このように軍事雑誌は、一般大衆の軍事的なものに対する興味関心を共有するメディアの一つであり、その性質上一般社会と一定の距離があり、秘密のヴェールに覆われている存在である「軍事」や「兵器」と一般大衆とをつなぐ媒体でもある。したがって、軍事雑誌を分析することで、その社会における「軍事」や「兵器」に対していかなる意識・価値観が、誰のどのような意図によって構築されたのかを明らかにできると想定される。

また、ここで本書が軍事技術の中でもとりわけ「戦艦」を取り上げる理由にも触れておこう。旧日本軍が開発を行った軍事技術は多岐にわたり、戦艦をはじめとした艦艇はもちろん、戦車、航空機、重火器、毒ガス等の化学兵器、レーダーをはじめとした物理(電子)兵器など様々な分野に及ぶ。とりわけ戦艦をはじめとした艦艇を建造する造艦技術の国産開発は、日本海軍創立以来の中心的プロジェクトであった。航空機などに比べてもその開発史は長く、日本の近代化の歩みと造艦技術開発の歩みはピッタリと重なる。したがって、造艦技術をめぐる言説を分析することで日本が近代国家として成立していく中で、科学技術とナショナルな意識がいかに結びついていったか、その過程を説明することができると考えられる。

また、日本は四方を海に囲まれた島国であるがゆえに、海上防衛の重要性が高い。それゆえ戦艦に対する人々の期待もそれなりに大きいものと考えられる。さらに戦後は巨大タンカーをはじめとした民間造船が世界有数のシェアを誇った時代もあり、いわば日本は「造船王国」であったともいえる。それゆえ造艦（造船）は、数ある軍事技術の中でもとりわけ日本という国のアイデンティティと深く結びついていると考えられる。よって本書では戦艦という存在を通じて、軍事技術とナショナル・アイデンティティとの結びつきを考えていきたい。

5　本書の構成

本書の構成は次のとおりである。

まず第1章と第2章において、自国の軍事技術や技術的所産としての戦艦をナショナル・アイデンティティの拠り所とする価値観が、第二次大戦前までにいかに準備されたかを分析したい。

第1章では、日本海軍が自国産戦艦建造を開始した一九〇五年から第二次世界大戦開戦までの期間に刊行されていた軍事雑誌『海軍 The Navy』における技術言説や、観艦式や国防博覧会などの軍事技術が展覧される場についての語り、戦時体制における科学技術振興をめぐる語りを読み解いていく。これらの語りの分析を通じて、実際に日本海軍が戦艦建造を行っていた時期において、造艦技術やその所産としての戦艦が、いかなる理路を経て当時の日本のナショナル・アイデンティティを象徴するものとしてみなされるようになったのかを明らかにしていく。そして、軍事技術を通じてどのような日本あるいは日本人の自己像が描き出されていたのか、そこで掲げられるテクノ・ナショナリズムとはどのような特質を持つものであったのかを考察したい。

続く第2章では、戦艦が単なる海軍の一兵器という枠組みを超えて国家的記念物（＝国家的記憶のコメモレーション）として認識されていく過程を明らかにするために、一九二三年から一九二六年にかけて起こった「戦艦三笠保存運動」に注目する。保存運動に関する新聞報道を中心とした資料の言説分析を通じて、コメモレーションとしての戦艦という認識がいかに、なぜ生じたのかを検討する。

第3章と第4章では、敗戦後から高度経済成長期にかけて、旧軍の軍事技術がいかにして敗戦国民のナショナル・アイデンティティの拠り所として発見されたか、またそれがいかにして可能となったかを考察したい。戦後の分析については、旧日本海軍の戦艦の中でも、特にその技術的極致とみなされた戦艦大和をめぐる語りを中心に見ていくこととする。

第3章では、戦前に軍事機密扱いとされ多くの国民がその詳細を知ることのなかった戦艦大和が、いかにして終戦後に広く国民に知られ自国の科学技術力を象徴する存在として認識されるようになったのかを明らかにする。また、そのような語りがなぜ必要とされたのかについても併せて考察する。

第4章では、一九五〇年代に自国の優れた科学技術の象徴として発見された戦艦大和が、高度経済成長期を迎え戦後の民生技術開発が興隆していく中でいかに位置づけられていったかを確認する。特にこの時期、戦艦大和を造り上げた技術が高度経済成長期に花開いた様々な戦後技術の礎となったとみなす「大和＝科学技術立国の礎」論が様々な場面で見られるようになる。このような語りを通じて、いたのかを見ていきたい。

さらに第5〜7章において、一九七〇年代から二〇〇〇年代にかけての戦艦大和言説・表象およびその周辺の語りを分析し、高度経済成長がピークに達し、日本社会が長い不況の時代へと遷移していく中で「大和＝科学技術立国の礎」論がいかに変化していったかを跡付けていく。

第5章では、高度経済成長がピークに達し、経済発展や科学技術振興の功罪が様々な面で顕在化していく一九七〇〜一九八〇年代において、軍事雑誌という言説空間の中で「大和＝科学技術立国の礎」論が後景化していったのはなぜかを分析することを通じて、「大和＝科学技術立国の礎」論の成立条件を検討したい。

第6章では、一九八〇年代末頃からビジネス論の文脈で「大和＝科学技術立国の礎」論が参照されたことにまず注目する。なぜ、この時期ビジネス論の文脈で戦艦大和が見出されたのか、どのように戦艦大和や旧軍技術が語られたのかを明らかにすることで、日本が経済大国・技術大国として「第二の敗戦」を迎える中で、日本のテクノ・ナショナリズムがいかなる点に求められたのかを考察する。さらに二〇〇〇年代前半の論壇に登場する「昭和史の総括」という新たな文脈において、これまでと異なり戦艦大和をはじめとした旧軍技術の歴史が「ダメな日本の象徴」として語られていった経緯とその内容を分析する。戦艦大和をめぐる語りが経済大国・技術大国としての自信を失いつつあった二〇〇〇年代においていかに位置付けられたのか、そこにいかなる当時の日本の自己像が見出されていたのかを検討したい。

併せて第7章では、二〇〇〇年代半ば以降の戦艦大和言説構築の重要な拠点となった広島県呉市における実践を取り上げ、一地方都市が軍事技術をめぐるナショナルな言説の構築と展開にいかなる立場で、どのような役割を果たしたのかを分析する。呉市における戦艦大和の再発見という実践から、「昭和史の総括」が行われて以降、いかにして技術的象徴としての戦艦大和が再び見出されていったのかを考察する。

そして終章では、これまでの知見を整理した上で、近現代日本における軍事技術をめぐるテクノ・ナショナリズムの構築過程とその特質を考察したい。

第1章 「ナショナルなもの」としての戦艦

第1章では、明治期に日本が近代海軍を創設して以降、造艦技術やその所産としての戦艦が「ナショナルなもの」として見出されていく過程を明らかにするとともに、科学技術に依拠したナショナル・アイデンティティの形成過程とその特質を検討する。

一八七二年の海軍創設以降、日本海軍はイギリスやフランスから艦船・兵器の購入、造船技師の招聘等を通じて、装備の近代化及び造船技術の輸入を図ってきた。一八七三年にフランス人技師の設計、国内職工による建造で初の国産軍艦清輝が建艦されて以降、日本独自の国産軍艦の設計・建造が目指され、一九〇六年には初の日本独自の設計・建造による国産戦艦薩摩が進水した。以後、日本は欧米との建艦競争を繰り広げつつ、国産艦艇の建造に邁進していくわけであるが、戦艦の国産化は純技術的・軍事的要請のみならず、国家の威信や民族のプライドといった、国家・民族のアイデンティティの次元においても追求されていくこととなる。戦艦という一兵器に単なる戦争の道具以上の意味が見出されたのはなぜか。また、海軍という国家の一セクションによる技術開発が国家の威信をかけたプロジェクトとして語られるようになるのはいかなる理路を経て可能となったのだろうか。本章では、初めて日本が独力で設計・建造までを手掛けた戦艦薩摩を起点にこれらの問いを検討したい。

本章では、雑誌『海軍 The Navy』(以下『海軍』)を主な資料として分析を行う。『海軍』は、日露戦争終結直後の一九〇六年から一九二一年まで月刊で刊行されていた軍事雑誌である。[1] 国民に対する海事思想の啓蒙を目的に創刊された本誌の内容は、日本及び諸外国の艦艇情報、戦術論、戦艦をはじめとした各兵器に関する技術論、日本海軍に関係する時事情報など多岐にわたる。また、専属の記者だけでなく、経済学者や工学者といった学術界の専門家も執筆を行っている。さらに民間人のみならず元将校などの海軍OB、現役の海軍士官といった海軍関係の執筆者も多く、ゆえに海軍の公式見解とまでは言えないものの、同誌の言説からは日本海軍に携わる人々が自軍の造艦技術をいかに言語化し評価していたかを一定程度推し量ることができると考えられる。

なお、本章において『海軍』を分析対象として取り上げる理由はその刊行時期にある。本誌が刊行されていた一九〇六年から一九二一年までの一六年間は、自国産戦艦の建艦を開始した年から世界水準の大戦艦である長門・陸奥を建艦した時期までを網羅する期間であり、日本が英米と建艦競争を繰り広げた中心的時期でもある。したがって、本誌の言説の変遷を通時的に整理・分析することで、日本が技術後発国として自国産戦艦の建艦を開始してから世界水準に達するまでの技術発展の過程において、造艦技術がいかに言説化され、戦艦建造を通じたテクノ・ナショナリズムが構想されていたかを明らかにできると考えた。『海軍』の刊行が一九二一年までであるため、一九三〇年代以降の展開については、観艦式や国防博覧会といった、軍事技術が一般国民の目に触れるイベントについての新聞・雑誌記事や戦時体制下における科学技術振興をめぐる語りを資料として分析を行っている。ただし、本章で主な資料として取り扱う『海軍』には資料的限界があることには留意しておきたい。同誌には読者投稿欄などが存在せず、言説の受容の問題については誌面から分析することはできない。ゆえに、同誌にて主張された造艦技術を拠り所に構想されたナショナル・アイデンティティを当の国民がいかに受け止め、内面化していたかという点については本書で十分に明らかにすることは難しい。[2] したがって本章では、あくまで同誌の書き手である海軍関係者が、いかなるレトリックで自軍の造艦技術を言説化し、どのような論理でもってナショナル・アイデンティティと結びつけていったのかに焦点を当てて論じていきたい。

まず第1節では、日本初の純自国産戦艦である戦艦薩摩をめぐる言説の分析を中心に、技術後発国として造艦技術の開発を開始した日本が、いかに自国産戦艦を評価し国家のアイデンティティと結びつけていったのかを検討する。続く第2節では、第一次世界大戦を契機に国際社会における日本の立ち位置が変化していく中で、戦艦にいかなる意義が見出されていたのか、またなぜそのような意義が語られる必要があったのかを分析する。そして第3節では、一九二〇年代における日本の技術的到達点である長門型戦艦に関する言説を、同時期に起こったワシントン軍縮との関わりも踏まえて分析し、科学技術に依拠したナショナル・アイデンティティの特質について考察する。そして第4節で、一九三〇年代から開戦前までの無条約時代から戦時体制下に突入していく時期における展開を見ていくこととする。

1　初の自国産戦艦薩摩と技術後発国としてのアイデンティティ

日露戦争において戦勝の象徴として広く知られることとなったのは戦艦三笠であるが、当時三笠はメカニズムの面から評価されていたわけではなかった。雑誌『海軍』においても日露戦争の話題は繰り返し取り上げられ、三笠の戦績についても激賞されている。しかし、三笠に対する賛美は日本海海戦において神がかり的な勝利をもたらしたという戦績にのみ集中し、性能やメカニズムについての言及はほとんどなされていない。日露戦役特集号における戦闘詳報は、三笠をはじめとした連合艦隊勝利の要因を「天皇陛下の御稜威の致す所」「歴代神霊の加護に依るもの」としている。[3] すなわち日本海海戦の歴史的勝利は、戦艦という科学技術の力によってもたらされたものではなく、天皇の御陵威や神霊の加護といった自国由来の神話や霊性にその要因が求められたのである。

では、なぜ三笠はメカニズムの側面からほとんど言及されることがなかったのだろうか。その要因として、三笠の出自が挙げられる。三笠は近代海軍整備のため、一八九八年に明治政府がイギリス・ヴィッカース社に発注し、イギリス人技術者の手によって建艦された戦艦である。他の主力艦もほとんどが輸入品であり、日露戦争時の連合艦隊の主力はほぼ輸入戦艦によって構成されていた。技術史研究者の中岡哲郎は「日本海海戦の劇的な勝利はナショナリズムを熱狂させたものですが、そこにはちょっぴり日本人のプライドを傷つける要素が含まれていました。それは勝利した日本艦隊の主力は、旗艦三笠を先頭にイギリス製輸入戦艦であったということです」[4]と指摘している。『海軍』誌上においても熱狂したナショナリズムに水を差すような、旗艦三笠をはじめとした主力艦の「出自」については全くと言っていいほど無視されている。中岡の指摘するように、外国産の戦艦であった三笠については、その性能を自国の手柄として誇示することができなかったと考えられる。

そのような状況に変化が生じるのは、日露戦争直後に初の自国産戦艦薩摩が進水したことを契機とする。薩摩は一九〇四年の日露戦争開戦時の臨時軍事費の予算成立によって乙号戦艦として建造計画が実行され、艦体は横須賀海軍工廠、装甲は呉海軍工廠ですべて造られた日本初の「純国産」戦艦である。一九〇五年五月一五日に起工し、翌年一一月一五日に進水式を行っている。日本国内では薩摩以前に「筑波」「生駒」の二巡洋艦の国内建艦を果たしているが、戦艦級の主力艦の建艦はこの薩摩が初のこととなる。常備排水量約一万九〇〇〇トンで、建艦当時世界最大の巨艦であった。

初の自国産戦艦である薩摩は、誌上においてもメカニズムの側面から評価されており、造艦技術と自国の優越性が結びつけられて賛美の対象となっている。

日本一といふだけでも既に大なる愉快だ、それが世界一といふに至つては、愉快の情実に千万たらざるを得ぬ。〔中略〕

呉では「筑波」「生駒」といふ二大巡洋艦を建造しあげたが、是れまで日本自らの手で戦艦の建造をする事は無かつた。それは実に横須賀海軍工廠に於ける此の「薩摩」に初まつたのである。第一に着手した戦艦が世界一の巨艦「薩摩」であるとは、我造艦術の進歩も亦誠に急速を極むと言はざるを得ぬ。[5]

自国の戦艦を「世界一」と絶賛し、造艦技術について言及するのは三笠をはじめとした外国産戦艦についての言説には見られなかった特徴である。このような薩摩に対する「世界一」という修辞には自国の技術力を根拠に他国に対する自国の優越性を誇示しようとする意図と、技術力や工業力と国家の威信との結びつきが垣間見える。

また、職工たちへの言及が見られるのもこれまでになかった特徴として挙げられる。

今日の進水式の成功したのは、是れ皆御稜威に依るのみと結論した。「薩摩」の起工は卅八年の間、係官の奮励苦心は言ふばかりも無かつたらうが、聞けば職工の精励も尋常では無かつたといふ。さもこそ。上下を通じての努力が一致しなければ、斯くの如き大成功を見る事はできなかつたのである。[6]

進水式の成功の要因を天皇の御稜威によると評していることは日本海海戦における三笠の評価と同様であるが、一方で実際に建艦にあたった係官や職工たちの奮励も要因の一つであり「上下を通じての努力の一致」が薩摩進水式の成功を導いたと結論づけている。つまり、自国民の手によって造り上げられた戦艦である薩摩については、「御稜威」や「神霊の加護」といった自国の神話に依らずとも、係官や職工の実質的な働きを評価することで、偉業の価値を示すことができたのである。

しかし、実際の他国との建艦競争の状況的には、薩摩は手放しに「世界一の戦艦」と称賛できるものであったとは言い難い。というのも薩摩の進水にわずかに先んじてイギリスにおいて当時の最新式戦艦であるドレッドノートが進水したためである。ドレッドノートは、一九〇五年一〇月に起工し、一九〇六年二月に進水、同年一二月に竣工したイギリス戦艦である。日本海海戦の戦況を反映させ、単一巨砲による武装や蒸気タービン搭載による高速化など従来の設計思想とは全く異なる革新的な設計思想によって開発された戦艦であり、近代戦艦建造史におけるエポック的存在でもある。[7] 薩摩の起工自体は一九〇五年五月とドレッドノートに先んじていたが、イギリスがドレッドノートを起工からわずか一年二ヵ月で完成させてしまったために、薩摩は進水前に既に旧式艦となってしまったのである。薩摩は確かに排水量こそ勝っていたが、イギリスの革新的な設計思想やそれをわずかな期間で実現する技術力や工業力には到底及ばなかった。

もちろん、薩摩を「世界一」と称賛していた『海軍』の執筆陣も、ドレッドノートの存在を決して無視していたわけではなかった。ドレッドノート就役後の誌上においてはドレッドノートの偉業を称賛し、その意義を紹介する記事が複数掲載されている。[8] にもかかわらず、当時の『海軍』ではなぜ薩摩を世界一と称しえたのか。

薩摩を「世界一」と賛美する主張においては「後進国」という負のアイデンティティをあえて強調することで自国の優越性を主張する、半ばねじれたロジックが用いられていたことが指摘できる。たとえば下記の引用に示すように、当時の誌上ではドレッドノートを建艦したイギリスの偉業を認めつつも実質的な性能や技術力とは異なる面で日本の優越性が主張されていた。

先進海軍国の英国が、巨艦「ドレツドノート」を建造し出して、僅に十一ヶ月の間に進水式を挙行する迄に運んだといふ事を聞いて、世界は嘆称の眼を見張つた。最も後進の我国が、材料の蒐集に不自由な戦争中に工を起し、僅々十三ヶ月の間に「ドレツドノート」の屯数に増さる事更に千二百屯の大戦艦を建造し、成功したる進水式を挙行した事を見たならば、世間は如何なる評判を之に向つて投ずる事であらう。[9]

ここでは、日本が後進国かつ戦時下という不利な状況にあったことが強調され、そのような不利な状況にもかかわらずドレッドノートよりも排水量の多い艦を造り上げたという点に日本の優越性が見出されている。本来であれば、後進国であるという事実は他国に対する優越を根拠とするナショナル・アイデンティティを構築する上では躓きの石となりうるはずである。しかしながら、ここでは日本の技術後発国という立場をあえて強調することで、逆説的に自国の優越性を誇示しているのである。仮に日本がイギリスと同等の立場であったとするならば、同条件でドレッドノートに劣る戦艦しか造りえなかったということになる。しかし、日本が劣った立場であったとすれば、〝イギリスに劣っているにもかかわらず〟ドレッドノートに勝るとも劣らない戦艦を造り上げた日本の優秀性が主張できるのである。このように、技術後発国という立場を逆説的に自国の優越性の根拠として用いることで、当時の執筆陣はドレッドノートも正当に評価しながら、薩摩を自国の優れた技術的所産として誇示していた。

しかしド級艦の建艦競争に本格的に立ち遅れるようになると、薩摩を従来の論理で「世界一」と誇示することは難しくなり、その評価が反転してしまう。ドレッドノートの登場により、各国の建艦競争は新たな局面に突入する。革新的な新戦艦の登場は、従来の既存艦を一気に陳腐化させてしまった。それゆえ、これまでの技術的な蓄積が無効化され各国同じスタートラインで競争が仕切りなおされることとなる。日本も一九〇九年に国内初のド級艦として河内型戦艦を起工するが、ド級艦の定義から外れる装備であることを理由に準ド級艦という低評価を受ける。また一九一二年にはイギリスで世界初の超ド級艦オライオン級が就役しており、建艦競争の舞台はド級艦から超ド級艦へと移り変わりつつあった。[10]

このような状況下において、進水当初は「世界一」と称されていた薩摩の評価に変化が見られるようになる。例えば『海軍』一九一二年七巻九号で、薩摩は以下のように評されている。

その一艦〔薩摩〕が過渡時代の不具的戦艦であつて、今は殆んど論議の価値がないにもせよ、吾人は現在「摂津」「河内」の竣工せぬ間は、此国辱的戦艦を唯一の堅艦として頼みにせねばならぬのである、〔中略〕
我「さつま」級二隻は所謂混成武装艦の最後のものであつた、つまり「さつま」は前「ドレッ〔ママ〕トノート」時代と巨人時代との或る調和を無理に得んがために現れた過渡期の不具者に外ならぬのである[11]

進水当初は「世界一」と称され、後進国でありながら先進国に勝るとも劣らない偉業を達成したと評価されていたにもかかわらず、一九一二年には「国辱的戦艦」「過渡期の不具者」と正反対の評価が下されている。わずか数年の間に同誌上における評価が反転した理由は、誌面において直接述べられてはいない。だがこの時期に薩摩に対する評価が反転し、後発国をあえて強調してまで自国の優越性を誇示する論理が見られなくなった要因として以下の点が指摘できる。まず、この時期既に建艦競争に本格的に立ち遅れていたこと、そして、ド級艦建艦競争においてはイギリス以外のすべての国がイギリスに対して後発国となったがゆえに、後発国であるということが自国の優越性を主張する根拠となりえなかったためである。

ここまで、一九〇〇年代半ばから一九一〇年代前半までの自国産戦艦をめぐる言説の変遷を分析してきた。外国産戦艦は、たとえ戦勝の象徴であってもメカニズムの面から自国の優越性を示す存在として語ることができなかった。一方、自国産の戦艦であれば技術とナショナル・アイデンティティを結びつけて物語ることが可能になっていた。その際、初の自国産戦艦は必ずしも他国に対して圧倒的に優越する成果ではなかったため、技術後発国であるという自国のディスアドバンテージをあえて強調することで自国の優越性を主張するという逆説の論理によって、造艦技術にナショナルなアイデンティティが見出されていった。しかし、技術開発の競争における立場の変化が顕著になるにつれ、そのアイデンティティの確立にも揺らぎが見られるようになっていく。

2 戦艦建艦事業の大義

ここまで、『海軍』執筆陣がいかに自国産戦艦の優越性を主張しナショナル・アイデンティティと結びつけて語ろうとしてきたかを見てきた。では、国民はこれらの試みをどのように見ていたのだろうか。結論から言えば、『海軍』執筆陣の思惑とは裏腹に、国民は他国に優越する新造艦を建艦することにあまり意義を見出していなかったと考えられる。

戦艦建造事業に対する国民の反応

吾人が日露戦争の当時を夢みて、我に「三笠」あり、「敷島」あり、新艦として「香取」、「鹿島」あるに非ずやと云うが如き真に痴人の夢以上にして、かゝる見地を有するの人士意想外に多きは一面我国民の海軍に対するの知識乏しきを示すと共に海国として真に恥づべき事と云はざる可らず。[12]

ここでは、薩摩どころかそれ以前の旧式艦を挙げ、日露戦争当時活躍した戦艦を有しているのだから軍備は十分とみなす認識が多くの国民の間で共有されていることが指摘され、同時にそのような認識が「痴人の夢」であると批判されている。この記述からは、国民が既存艦の優秀さを理由に新造艦建造の意義を認めない以上、既存艦の優秀性を称揚するほどに、より国民は新造艦の必要性を認めなくなるというジレンマに陥っていたと推測できる。そのため艦隊整備を推進していた『海軍』の執筆陣は、既存艦を時代遅れの旧式艦として退ける必要があったのではないだろうか。日本の現状を、旧式艦しか保有していない屈辱的な状況とあえて認めることで新造艦の正当性を国民に訴えたのである[13]。

執筆陣は上記のような国民の認識の原因を、海事思想の不足や海軍に対する国民の無理解に求めた。同誌の発刊理由からして「一般国民の之に対する智識思想に至りては、未だ容易に至れりと言ふ可からず[14]」として、国民の海軍に対する無理解が念頭に置かれている。また、新造艦の意義を理解しない国民が多いことに対しては「我国民の海軍に対するの知識乏しきを示すと共に海国として真に恥づべき事と云はざる可らず[15]」と痛烈に批判した。もちろん、これらの国民像はあくまで『海軍』執筆陣から見た国民の反応であり、実際の反応がいかなるものであったか誌面から十全に読み解くことはできない。しかし少なくとも『海軍』執筆陣にとって、当時の国民の反応は理想的なものではなかったことがうかがえる。

『海軍』の執筆陣が、国民の建艦事業への無理解を問題視した一つの要因として、議会における新造艦建艦費獲得の困難さが挙げられる。初期議会以来、海軍はたびたび民党と予算要求で激しく衝突しており、海軍拡張費の獲得に失敗していた。さらに日露戦争以降、日露戦争にかかった戦費による圧迫から欧米との建艦競争に対抗するだけの財政的余力は残されていなかった。そのような厳しい財政下で海軍予算の獲得を図るために、海軍は徐々に政治的台頭を果たすようになるが、そこで獲得された予算はほぼ既存艦の維持費に使われており、実質的な新造艦建艦予算の獲得には失敗していたとされる。[16]さらに一九一四年に戦艦及び兵器輸入に関わる汚職事件であるジーメンス事件が発覚すると、海軍の拡張計画は決定的に頓挫することになる。ジーメンス事件は内閣国民弾劾大会が開かれ、民衆が議会を包囲する事態にまで発展し、海軍は政党及び国民から厳しい批判に晒された。このことが原因でこの年の海軍予算はまたも不成立となる。

戦艦建造が国家事業である以上、その原資は国民の税金でありその使途には議会及び国民の理解が不可欠であった。この点が私企業の資本によって開発される民生技術とは大きく異なる点である。「今日我国が年々海軍の為めに支出する経費は約一億円に達しておる。既に斯くの如く多大なる経費を投じて海軍を備へて居る以上、海軍は決して海軍の海軍でなく、実に日本の海軍である」[17]という認識が示す通り、税金によって行われる国家事業であるために、戦艦は海軍の戦艦ではなく国民の戦艦であり、戦艦建造事業も国民国家の問題たりえた。だからこそ『海軍』執筆陣は、自国産戦艦建造の意義を海軍だけの問題ではなく、日本民族の問題[18]、日本国の名誉と地位と威信と利益の問題[19]であると訴えたのである。つまり、議会や国民に理解を求める必要があったがゆえに、国家として技術開発に取り組む大義を言語化する必要があったといえる。

文明の象徴としての戦艦

先に見たように、建艦競争への立ち遅れから自国産戦艦とナショナル・アイデンティティを結びつけるような言説は、誌面において一時後景化していた。しかし第一次世界大戦前後の時期において、戦艦が自国産であることについて再び言及されるようになる。

第一次世界大戦が勃発すると、日本も同盟国であるイギリスからの要請に応じて地中海等に艦隊派遣を実施した。艦隊派遣は自国産戦艦を諸外国に示す機会ともなった。しかしこの時期、誌面で意識されていたのは西洋諸国からの自国への蔑視的感情であった。例えば、第一次世界大戦開戦直前の『海軍』に掲載された水野海軍中佐による「海軍平時の任務」という論説では、当時の諸外国からの蔑視の様子が描写されている。

> 日露戦争後、我帝国は一躍して世界列強の班に伍し、我我国民は欧米人に対し、一歩も遜る処なきを自信しておる。併し乍ら欧米人の中には我国民を見ること、尚ほ未開人に稍や毛の生へた位にしか思つて居ないものもある。日本人の強いのは、唯戦争ばかりで、文明の開明に至りては、印度人や、波斯人と同様位に考へておる。〔中略〕英国などに於てさへ、日本人が軍艦を造るなどは、猿が家を建てる位に、不思議がつておるものも尠くないと云ふことである。[20]（傍線はすべて引用者による）

薩摩完成時から変わらず、日本の自己像は西洋に比肩する帝国というものであったが、水野は同時に西洋から見た蔑視を含んだ日本像についても言及している。このような西洋からの蔑視に異議を申し立て、プライドを回復するためには何らかの手段を通して自国の文明を誇示する必要があった。ゆえに水野も「斯かる人間に対し、〔日本の軍艦を〕其目の前に実物を見せ付けてやるのは、独り其乗組員の快とするばかりでなく、我国の文明を外国に紹介するの効果も、決して尠くないと信ずる」[21]と自国産戦艦の意義を主張している。

すなわち、水野にとって戦艦は単なる兵器ではなく、自国の文明の高さを示す象徴であったといえる。では、なぜ他ならぬ戦艦こそが自国の文明の象徴として機能すると考えられたのだろうか。もちろんこの頃はようやく海軍の新事業として航空機の開発が開始されたばかりの時期であり、海軍の技術開発の中心が戦艦であったのはいうまでもない。

それに加えて本書では戦艦の「モノ」としての特質に注目したい。戦艦は、造船はもちろん製鋼から機械、化学といった重化学工業技術の複合体であり、かつその建艦には巨額の資金が必要とされる。よって、戦艦はその国の軍事力を誇示するのみならず、科学技術や工業の水準及び経済力を示す指標となった。さらにいえば、鉄道などとは異なり回航を通じて海を隔てた西洋諸国まで実物を持っていって示すことができたというのも戦艦(艦艇)が自国の「文明を紹介する効果」を有すると考えられた要因の一つといえるだろう。以上のような特質から、戦艦はその国の文明を示す象徴として機能したと考えられる。

さらにいえば、戦艦で自国の文明を示すことは在外日本人の地位を向上させ、外交にも資すると信じられていた。金剛型戦艦三・四番艦の「榛名」「霧島」の完成に際して、『海軍』誌上ではその意義が以下のように述べられている。

起り来るべき外交に於て、他国の侮りを受けず、国民の意を強めて、帝国の主張を貫徹するに

助勢を得、又訂盟諸国と益々親交を温め、以て通商貿易漁業、民留民〔ママ〕等の保護発達を確実にし、
国家の安寧福利を一層増進するを得ればなり。[22]

ここでは戦力の増強のみならず、戦艦の存在が他国からの侮りを退け、外交・貿易の後ろ盾となり在外日本人の保護発達に資することが期待されていることが分かる。また、先の水野の論説においても「海外に在留する同胞の言を聞くに、自国軍艦の来航した時程、愉快に且つ心強く感ずることは外にない。軍艦の碇泊せる間は、道を歩んでも肩身が広い様な気持がする」[23]という在外日本人[24]の声が紹介され、海軍平時の任務として「海外居留民の保護・慰安」があるとアピールされている。つまり、戦艦を通じて日本の先進性を誇示することは、当時の日本人蔑視に対抗する一種の手段として考えられていた。

しかしながら、期待された自国戦艦の「効用」と欧米における排日の実態にはいささか乖離がある。この時期、『海軍』において在外日本人の保護が言及された要因として、カリフォルニア州議会での排日土地法の成立など、アメリカにおける日本人移民排斥気運が高まっていたことが考えられる。ただし、この時期アメリカにおいて日本人移民の排斥気運が沸騰したのは、現地人の生業や経済的優位性を移民が奪うことに対する不安や嫌悪感など、現地人と移民の経済的摩擦が主要因とされる。[25]であるならば、戦艦を通じて日本の先進性や優秀性を宣伝することは、日本人移民を脅威と感じて排斥する流れに対してはむしろ逆効果であったとさえいえる。したがって、諸外国への自国軍艦の派遣が現実的に排日や日本人蔑視に対抗する何らかの対抗手段となりえたかは疑わしい。

しかし一方で、先の在外日本人の声が示すように、アイデンティティの次元においては自国産戦艦の存在が排斥や蔑視によって毀損されたナショナルなプライドを回復させ、日本人としてのアイデンティティの拠り所となりえた。したがって、現実的な問題解決には寄与しないとしても、自国産戦艦が日本の文明を紹介すると考える人々にとって、自国産戦艦と民族のアイデンティティは深く結びついていたといえる。

以上のように、日露戦争後から第一次大戦前後にかけての自国産建艦事業は、必ずしも国内の理解を得ているとは言い難い状況であったが、対外的な場面では単なる兵器以上の「文明の象徴」としての意味が見出されていた。同時に、海軍関係者にとって自国産戦艦でもって各国を回航することは、先進国からの自国民への蔑視に対する一つの対抗手段でもあった。ゆえに、日本の文明・先進性を示すためには他国に優越する自国産戦艦を建造する必要があるとして、自国産戦艦建造事業の大義が物語られていったのである。

3　技術的到達点としての長門・陸奥の登場とワシントン軍縮

ド級艦の登場以降、技術開発に立ち遅れていた日本であるが、一九一〇年にイギリスから超ド級巡洋戦艦金剛を購入することを通じて技術移転を果たした。金剛の購入によってもたらされた技術資料と技術者養成の成果は、以後の自国建艦に大きく寄与することとなる。[26] 以降、超ド級艦の自国建艦が可能となった日本の造艦技術は再び世界水準に肉薄していったといえる。

一九二〇年には日本海軍の一つの技術的到達点として長門型戦艦が登場する。戦艦長門と戦艦陸奥は誌上においても大きく取り上げられた。長門型戦艦は建艦当時世界で唯一、一六・一インチ砲を搭載した戦艦で、かつ最大速力二五・〇ノットの高速力を誇る戦艦であり、後に長門・陸奥とともに「七大戦艦」と称される英米の戦艦と比しても遜色ない性能を有する艦と評価された。誌上においても、長門の進水に際して「世界の最大権威たる新戦艦長門の顕現を祝福して」と題し「其雄武以て全世界を慴服せしむる[27]」と世界に優越する戦艦であることを誇示している。さらに陸奥についても「太平洋上の最大権威[28]」と評しているが、一方で建艦競争の加熱を警戒し「新戦艦South Dakotaの出顕遠からざる今日、更に此等を倏忽捉批し得可き最鋭大戦艦建造の迅ならん事を切に觖望して止まざる処なり[29]」として、さらなる新造艦建艦の必要を訴えてもいた。このように、世界水準に匹敵ないしは優越しつつあった長門・陸奥の建艦時には、薩摩のときとは異なりもはや後進国という立場には言及されていない。純粋にその性能のみを根拠に優越性が主張されていることが特徴的である。これは、一九二〇年代には後進国という立場を強調しなくとも自国の優越性を主張できる水準にまで造艦技術が発達したと認識されていたためと考えられる。その一方で、長門型の優位はあくまで一時のものと理解されており、建艦競争においてその座が揺らぐことを警戒していたことが分かる。

しかしながら、結果的にはワシントン軍縮の実現によって、長門型戦艦はその地位を確固たるものとした。ワシントン海軍軍縮条約は、戦争と加熱する建艦競争によって経済的に疲弊した各国が競争に歯止めをかけるために主力艦の建艦を制限する目的で締結された軍備縮小条約である。軍縮の実現により、一〇年の間主力艦建艦が休止され、世界的な海軍休日の時代を迎えることとなった。軍縮条約が一九二二年に締結されたことによって、英米の起工前だった新戦艦建艦計画のほとんどが白紙に戻されることとなった。よって条約締結前に竣工していた長門に加え、ワシントン会議にて保有が認められた陸奥を含めた日本の二艦が、最新式の戦艦としての地位を確立することになるのである(30)。

つまり、政治によって技術競争に歯止めがかけられることによって技術の優越性に依拠するナショナル・アイデンティティも安定的なものになりえたといえる。科学史研究者の中山茂は「科学技術立国論は不安定な基礎の上に立つ。科学技術が競争の産物であるならば、勝者と敗者が必ずいる。一国がいつまでも勝者であり続けることは出来ないことは、当然である。〔中略〕するとさらに彼らを出し抜くために、より高度の科学技術の研究開発に向かわざるを得ない(31)」と、他国との技術開発競争の果てのなさと科学技術立国という科学技術の優越性に基づくナショナリズムの不安定さの関係を指摘している。

まさに中山の指摘通り、いつまでも勝者であり続けることができない建艦競争が続く限り、自国産戦艦の優越性を拠り所としたナショナル・アイデンティティの安定はありえなかっただろう。事実、軍縮が実現されなかった場合アメリカではコロラド級戦艦など最新式戦艦の建艦が予定されていた。したがって長門・陸奥が「世界最大の覇者」であるという自負も、他国に優越する戦艦を造りえた日本というナショナル・アイデンティティも、軍縮という外部的要因によって初めて安定的なものとなりえたと考えられる。

ただし一方で、軍縮は建艦事業に対する海軍と国民の意識のズレを顕在化させる出来事でもあった。

ワシントン会議がアメリカから発議された前後の時期において日本国内でも軍縮に肯定的な世論が巻き起こった。一般国民が軍縮を支持した主な理由として、世界的に広まった平和主義的思潮の影響と重い軍費負担に対する忌避感が挙げられる。第2節で見た通り、第一次世界大戦前より巨額の予算を戦艦建造に用いることに対する国民の理解が十分に得られていたとは言い難い状況があった。そのような状況は一九二〇年代においても継続しており、軍縮実現を後押ししたことが分かる。

後年の研究でも、当時の日本海軍が軍縮会議において対米七割の主張を貫徹できなかった要因として、国民の理解を得ることに失敗したことが指摘されている。[32] 以上のことから、ワシントン軍縮は『海軍』誌上でもたびたび喧伝されていた「巨額の予算をつぎ込んででも自国産戦艦を建造することの意義」が国民に十分理解されていなかったという事実を顕在化させる出来事でもあったといえよう。

しかしながら、重い軍費負担の伴う新造艦の建艦には否定的な国民も、既成艦については一定の親近感を抱いていた側面もあることには留意が必要である。ワシントン会議の最中に陸奥の艦名のゆかりの地である青森県では、陸奥の完成に祝意を表する催しが開催されている。[33] ワシントン会議にてその是非が議論されていた陸奥の保有が決定された際には「一同大喜び」であったと報じられており、自分たちの故郷の名を冠した戦艦に対して親近感を抱いていたことがうかがえる。局地的な一事例に過ぎないということには留意が必要ではあるが、重い軍費負担を伴う軍備拡張への反発と既成艦に対する興味関心や親近感といったものは両立していた可能性を指摘できるだろう。すなわち、軍備拡張に伴う増税などの現実的な負担に対しては反発があったとしても、戦艦を自国ないしは地域のアイデンティティとして受容することは可能であったと考えられる。

ここまで一九一〇年代後半からワシントン軍縮条約締結までの長門型戦艦をめぐる言説を分析してきた。技術移転を通じて造艦技術が世界水準に達していたために、長門型戦艦の完成時には、薩摩以来再び自国産戦艦の性能と自国の優越性を結びつける言説が誌面に登場するようになった。その一方で、軍縮という政治的要因によって技術競争が停止されたことで、長門型戦艦の優越性が担保され、本来不安定なものである科学技術を拠り所としたナショナル・アイデンティティも安定的なものとなりえたと考えられる。

4　日本的性格の戦艦

本節では、一九三〇年代から一九四〇年代における造艦技術及び戦艦をめぐる言説・表象の状況を確認する。一九三〇年のロンドン軍縮会議では、ワシントン海軍軍縮条約の更新と補助艦の制限問題について協議された。ワシントン軍縮で合意された主力艦の制限は五ヵ年間の延長、補助艦の制限についても米英一〇対日本七の比率とすることで合意された。これにより海軍休日時代は延長されることになるが、一九三四年に日本はワシントン海軍軍縮条約を破棄、一九三六年にはロンドン軍縮会議を脱退するに至る。軍縮会議の脱退により、一九三七年以降日本は無条約時代に突入する。これにより各国で休止していた主力艦の建造が再開されることになる。例えば日本海軍は、一九三四年時点で無条約時代を見据え「Ａ１４０－Ｆ６」型戦艦の計画・設計を開始し、一九三七年には本型戦艦の建造を開始している。この「A140－F6」型こそ、後に大和・武蔵と名付けられる戦艦であった。

このように、軍縮条約の延長から無条約時代へと移行していく一九三〇年代において、造艦技術や戦艦はいかに眼差され、語られていたのだろうか。一九三〇年代の戦艦に関する状況の特徴として、観艦式や博覧会を通じて、戦艦をはじめとした海軍の軍事技術開発の所産が国民の目に触れるような機会が増加したことが挙げられる。本節では、まず、観艦式と博覧会を事例に一九三〇年代における造艦技術をめぐる言説・表象の展開を確認したい。

一九三〇年代に海軍は国民に対して組織的に宣伝活動を展開するようになるが、同時期にそれまでしばらく行われてこなかった観艦式を再び執り行うようになった。

観艦式とは、軍事演習の締め括りや天皇の即位記念として天皇が海軍艦船を親閲する儀式であり、陸軍の観兵式に相当する。観艦式には一般国民も見物に訪れており単なる海軍内部の儀式ではなく一種の海軍イベントとして機能してきた側面がある。一八六八年以降数年に一度のペースで開催されてきたが、一九一三年、従来数年に一度しか観艦式を行ってこなかった海軍は、毎年開催される陸軍の観兵式に対抗する形で、一年に一度「恒例」で観艦式を行う「恒例観艦式」を計画した。一九一三年と一九一六年の二度恒例観艦式は挙行されたが、一九一六年を最後に恒例観艦式は行われず一九一九年に廃止となっている。一九一九年以降昭和天皇が即位するまで八年間、観艦式自体が開催されてこなかった。大正期に観艦式が行われなかった主要因としては、大正天皇の崩御が重なった時期であることが考えられるが、一方で恒例観艦式の不興も要因の一つとして指摘されている[34]。

恒例観艦式がわずか二度の開催で終了してしまった背景に、地域の関心の低さが指摘される。二度の観艦式は横須賀港と横浜沖で挙行されたが、いずれも移動式の観艦式であり陸地から戦艦を見物することがほとんどできなかった。そのため一九一三年以前に行われていた陸地からでも戦艦を見物できた停泊式の観艦式と比べ、一般市民の関心は低く参拝者の数も振るわなかった。[35] 当時八八艦隊の成立を目指し国民の支持を得るための示威行為の一つとして恒例観艦式を企図した海軍の思惑は、当てが外れることとなったのである。

恒例観艦式の失敗も相まって下火となった観艦式は一九一九年を最後に大正期においては行われなくなった。観艦式が再開されるのは一九二七年横浜沖での特別大演習観艦式からである。翌年には昭和天皇の即位を記念した大礼特別観艦式が行われ、以降一九四〇年まで二〜三年に一度のペースで観艦式が開催されている。

昭和期の観艦式の特徴は、大正期の特に恒例観艦式と比較して一般市民の注目度が非常に高く常に盛況であったという点である。一九二七年の観艦式を報じた新聞記事では一般拝観者が横浜港周辺に押し寄せた光景を「百万の拝観者水陸を埋めて」[36]「屋根まで鈴なりに　恐しい人のうねり」[37]であったと報じている。またいわゆる海軍ファンと呼ばれる人々のみならず、一般的に軍事や戦艦に関心が高くないものとされていた「婦人方」もこぞって参加していたと報じられており[38]、一般市民の観艦式に対する関心の高さがうかがえる。一九三〇年代には、一九三〇年、三三年、三六年と三回の観艦式が開催されている。満州事変以降、国際的に孤立していく日本は徐々にワシントン軍縮時代の厭戦ムードから開戦ムードへと転じていくが、観艦式もそのようなムードを煽り、さらなる盛況を見せていくことになる。

実際、多数の艦艇が数海里にわたって整列している光景は、拝観者たちの好戦感情を煽ったと報じられる。例えば一九三三年の観艦式の様子を報じる記事は、観艦式を「如何なる平和論者も今日一日は主戦論者になりたくなるといふ有様[39]」であったと評しており、以下のような参拝者たちの会話を紹介している。

数カイリにわたる偉容を眺めて狂喜した海軍ファンたちまち説明役を無視して「あれが外国でこはがつてゐる古鷹です、わづか七千トンだがとても鋭いさうです」と得意がれば傾聴してゐた紳士が

成る程我々イト屋（生糸商?）には戦争は禁物だがこれを見ると一戦争やつてみたくなりますなあ……[40]

普段訓練や海上警備で遠洋に出ていることが多く、一般国民の目に触れることが少ない戦艦等の艦艇が一堂にその姿を見せることで、国民の海軍や戦艦に対する関心や好意的な反応を獲得することに成功している。このような反応からは、一九二〇年代以前の『海軍』で嘆かれていたような、海軍に対する国民の無理解はある程度解消しているように見受けられる。その意味で一九三〇年代に海軍が展開した組織的な宣伝活動は一定の成果を挙げていたと考えられる。

観艦式を通じた海軍の宣伝活動は、艦艇を造り上げる自国・自軍の科学技術の優越性をも国民に印象付けた。例えば、一九三三年の観艦式の模様を報じた記事では、「殊に、その実質的改良は、造兵

科学の粋を尽し、特務各種の新勢力はまた、能く帝国の地理的事情に適応して、国防充実に、違算なきを思はしめる」[41]と、戦艦に対して単なる威容や美観だけではなく「造兵科学の粋」を看取している。また、別記事では、観艦式に参列する戦艦のほとんどが国産技術によって造られたことが強調されている。

過去十数回の我国観艦式を通覧してもつとも特色と認むる所は、往時我が海軍の大部分を占めし外国製軍艦が漸次その姿を没し去ると共に国産軍艦のしんくことして現出せるとこれなり[42]

また同記事内では、国産の軍艦が他国のものと遜色ないばかりかむしろこれを「リード」しているとして、日本海軍の造艦技術は「西洋模はう〔模倣〕時代、次いで消化時代を過ぎ、今や当に独創時代に到達[43]」したという主張がなされてもいる。一九三〇年代には、もはや他国の模倣しかできず建艦競争で遅れをとっていた時代は過去のものであり、今や完全に日本独自の独創的な技術を有するまでに至ったという認識が、海軍内部のみならず一般社会においても共有されていたといえよう。

また、観艦式だけではなく博覧会でも、海軍の技術開発の優秀性が国民に対して印象付けられていった。例えば一九三〇年に開催された「海と空の博覧会」は三笠保存会が日本産業協会とともに主催し、横須賀の記念艦三笠周辺を第二会場として海軍館を設けている。また、東京に設けられた第一会場においても戦艦陸奥の主砲身や主錨が展示されたり、不忍池で模型軍艦の無線操縦などの実演を行ったりして観客の耳目を集めた。一九三五年に広島県呉市で開催された「国防と産業大博覧会」では、「海軍当局の破格の好意」[44]により戦艦矢矧と呂號第五十三潜水艦の実物の見学会が開催されている。航空機や戦車と異なり陸地での展示が困難な戦艦の実機が展示されたのは、博覧会としては非常に珍しいことであった。そして、一九三七年には「海軍軍事思想の普及と海国精神の涵養」[45]を目的に東京・原宿に常設の海軍館が建設された。海軍館では海事思想を紹介する資料を中心に観艦式の模様を描いたパノラマ絵画や戦艦、潜水艇、航空機などの機械仕掛けの模型、海軍に関する各種記念品などが展示された。雑誌『少年倶楽部』では海軍館の目玉展示の一つとして一〇メートルサイズの戦艦金剛の大模型が写真付きで紹介され「見れば見るほど感心させられ、ほんたうの軍艦を見学する時のやうな、頼もしい感激に胸がをどります」[46]と評されている。海軍館の展示の多くは実物ではないにしろ、実物を模した模型や絵画などを通じて、自国の優れた軍事技術が表象されていた。

このように、戦艦建造が再開され、徐々に厭戦から好戦ムードへと社会が傾いていく一九三〇年代には、観艦式や国防博覧会といった海軍の宣伝活動を通じて、自国の造艦技術及びその所産である戦艦の優秀性が称揚され、それが国民のナショナルな意識の喚起・強化に結びついていった。観艦式や博覧会の見物客たちは、戦艦に象徴される自国の科学技術の成果を基盤として、自国に対する自負を深めていったのである。

では、日中戦争が開戦し、本格的な戦時体制へと移行していった一九四〇年代には、戦艦や造艦技術をめぐっていかなる議論が存在したのだろうか。一九四〇年に第二次近衛文麿内閣のもとで策定された「基本国策要綱」では「科学ノ画期的振興並ニ生産ノ合理化」[47]が根本方針として盛り込まれ、翌年には技術官僚の宮本武之助を中心に「科学技術新体制確立要綱」が立案されたことで、国内では科学技術振興が盛んに論じられるようになる。特にこの時期「科学技術新体制確立要綱」でも示されたように「科学技術ノ日本的性格」[48]、すなわち日本独自の科学技術というものが追求されるようになる。

戦艦建造をめぐる言説においても同様のレトリックが確認できる。一九四一年の『朝日新聞』では「日本的性格の艦艇」[49]と題した、かつての海軍技術中将であった平賀讓の談話が掲載されている。平賀は談話内で八八艦隊の完成をもって日本海軍の艦艇を日本的性格の艦艇ということができるようになったとしつつ、日本的性格の艦艇の特徴を以下のように定義している。

> 第一にわが艦隊を常に主力艦から駆逐艦、潜水艦に至る各艦型毎に、質において世界の同じ艦型の中で最優秀のものであること頭から手足の先きに至るまでもつともよく整備されてゐるといふ点です〔中略〕
>
> 第二の特徴は、用兵上の要求を満たして、太平洋の荒波を切つて活動することのできる性能を最少の排水量で発揮できるやうにする技術上の力です。[50]

つまり、日本海軍における艦艇の日本的性格とは、日本の量的不利に対する質的優越の発想であったと平賀の言から推察できる。物量で勝る英米に対し、日本は数こそ少ないものの一隻ごとの質では勝っているあるいは勝らなければならないという個艦優越の発想で計画・建造された艦艇こそが日本的性格を有する艦艇というわけである。

そして、この質的優越の発想はある種の精神主義と科学技術とを結びつけた。

帝国海軍の質的優越とは何か。これは帝国海軍が勅諭を奉体して、確固たる軍人精神をもつてゐる一方において、非常に精巧な機械を、敵に勝る精巧な武器をもつことに非常な力を注いでゐる、この二つにあると思ひます。〔中略〕どうかすると機械が進むと精神の方は落ちると考へて精神に重きをおく。これはちよつと結果ではなり立ちますが、立派な機械を備へて、立派な精神でやれるはずであるといふことは、海軍がちやんと示してゐると思ひます。[51]

ここでは、前提として精神と物質（＝機械）が本来対立するものであるとされており、物質（＝機械）が進歩すると精神の方が堕落していくことが暗に批判されている。その一方で、日本海軍は精神を重視することで精神と物質の両立を達成している、このことこそが日本海軍の質的優越だと主張されていることが分かる。平賀の日本的性格の艦艇の定義においては、艦艇の実質的な性能とそれを実現する技術力とに質的優越を見出すに留まっていたが、ここではさらに踏み込んで、質的優越とは実質的な艦艇の性能のみならずそれを扱う軍人側の高い精神性と結びつくことで達成されるものであると考えられている。

このような精神と物質を対立させて日本人の高い精神性に技術（＝物質）が結びつくことで質的優越を果たすという論理は、明らかに物量で勝る西洋を物質文明に堕落した存在とみなし、日本は「立派な精神」を有するがゆえに西洋に優越するという考えに基づいている。この頃の日本海軍は、日本が物量で劣る英米に対して、艦艇一隻ごとの質の高さやそれを実現する技術力、そしてそれを操舵する海軍人の高潔な精神性を以て質的に優越すると主張し、自らを誇示していったのである。

本来、宮本が「科学技術新体制確立要綱」にて提唱した科学技術の日本的性格とは、日本の資源や環境に規定されるものであったが、艦艇の日本的性格もまた資源や環境によって規定されるものであったといえる。日本海軍が物量ではなく質的優越を目指さざるをえなかったのは、そもそも日本国内の資源不足と財源不足が原因であった。作戦上あえて艦艇数を少なくしたのではなく、英米に匹敵するだけの艦艇数を確保できる資源や予算がなかったがゆえにそのような方策をとらざるをえなかったのである。英米に匹敵する量の艦艇は造ることができないという日本の資源・環境こそが、一隻ごとの質的優越という海軍の艦艇の日本的性格を規定した。そしてその質的優越の「質」は、実質的な性能や完成度の高さ、乗組員である海軍用兵の精神性など様々な要素に求められたのである。

以上のような質的優越の思想の極致として建造されたのが、戦艦大和である。多数の艦艇を建艦する代わりに四六センチ砲という当時最大の主砲を搭載できる巨艦を日本海軍は秘密裏に建造した。日本海軍は最後の日本的性格の戦艦[52]である大和を旗艦として太平洋戦争に突入していくことになる。

そして、かつて日本の技術力の象徴として称揚された戦艦は、航空機主力の時代にはその性能を十全に発揮することなく、ほとんどが太平洋に沈むこととなる。かくして戦前期における日本海軍の戦艦建造をめぐるナショナル・プライドは鋼鉄の艦体とともに打ち砕かれ、戦前の造艦技術とその技術的所産である戦艦をめぐるテクノ・ナショナリズムは終焉を迎えたのであった。

5 戦艦が日本の「ナショナルなもの」になるまで

本章では、戦艦が「ナショナルなもの」として見出される過程を明らかにしつつ、科学技術に依拠したナショナル・アイデンティティの形成過程と特質を検討してきた。

まず、科学技術の所産としての戦艦が「ナショナルなもの」として見出されていく過程は以下のように整理できる。外国産であった三笠などについては、たとえ輝かしい戦績があったとしても、自国の神話や歴史と結びつけなければ「ナショナルなもの」として語られることがなかった。しかし初の自国産戦艦薩摩の完成時には既に「日本自らの手で建造した世界一の巨艦」という造艦技術の優秀性に依拠した「ナショナルなもの」として戦艦像が見出されていた。さらに建艦事業の意義が語られる際には、海軍は「国民の海軍」であり主力艦建艦は「国民唯一の問題」であるとされており、その意味で建艦事業は国民意識を喚起する「ナショナルなもの」でありえた。そして一九一〇年代半ばには、西洋諸国からの蔑視に対抗するための具体的手段として「ナショナルなもの」である戦艦の意義が強調された。自国の文明の水準を示す「戦艦」を通じて居留民のような領土を共有しない日本人も日本に帰属意識を抱き、人々の共同性が担保されていたのである。

同時に、本章では「ナショナルなもの」として見出された戦艦や造艦技術を通じた、ナショナル・アイデンティティの構築と変容の過程も明らかとなった。日露戦争後の自国産建艦開始期には、世界最大排水量の戦艦を造り上げたことで「技術後発国でありながら、先進国に肉薄する我々」というアイデンティティが構築された。しかし、この時期には独力での建艦を達成しつつも諸外国との建艦競争に立ち遅れていたために「技術後発国」という立場をあえて強調するというねじれたロジックによって自国の科学技術に依拠するアイデンティティが物語られていった。他方で一九一〇年代半ばに先進諸国による日本人に対する差別・蔑視が意識されるようになると、自国の文明の象徴である戦艦を拠り所として「西欧に比肩する文明を有する我々」というアイデンティティが主張されていくようになる。そして、一九二〇年代に入ると日本の造艦技術は世界水準の技術的到達点に達する。ゆえに開発開始期と異なり、技術後発国という立場に言及することなしに自国の技術的優秀性のみで、世界有数の海軍国という自負を抱くことができた。しかしながら、この時期の日本の技術的優位には軍縮による建艦競争の停止も大きく影響しており、常に競争を前提とする科学技術開発に依拠するナショナル・アイデンティティの不安定さが逆説的に示されたともいえる。

一九三〇年代には、海軍が組織的な宣伝活動に注力したこともあり、優れた技術的所産としての戦艦が観艦式や博覧会を通じて、実際に国民の目に触れることとなる。このような場において、戦艦は自国の優れた科学技術の表象として機能し、その優秀性を根拠に国民は自国への自負を深め、ナショナルな意識が強化されていった。

そして一九四〇年代に戦時体制の下で科学技術振興が追求されるようになると、造艦技術含む科学技術は、単に他国に優越する水準を達成するのみならず、独自性が重視されるようになる。そのような傾向の中で、造艦技術における日本の独自性すなわち「日本的性格」は、物量に比した質的優越に求められていった。そしてその質的優越は、単に艦艇の純技術的な性能やそれを実現する技術開発の優秀性にのみ求められたわけではなく、そこに使用者たる日本人の高い精神性が合わさることで実現されるものであると主張された。「質的優越」という点に戦艦の日本的性格が規定されていく中で、科学技術はそれだけでは堕落した物質文明に過ぎないが、そこに精神が両立することで真に価値を発揮するものとしてみなされるようになっていった。つまり、むしろこの時期にはそれ以前の時期のように科学技術水準の向上をひたすらに追求することよりも、そこに両立する精神性の方に日本の優越性が見出されていったといえる。ただし裏を返せばそれは、純粋な技術競争、特に量産化という物量の競争において日本は英米に優越することができず、純技術的な優秀性(=物質文明としての優秀性)にナショナル・アイデンティティを見出すことができないがゆえの「高い精神性と両立する科学技術」という日本的性格の発明でもあった。

第2章　戦争のコメモレーションとしての戦艦
――戦艦三笠保存運動のメディア史

第2章では、一九二〇年代に起こった「戦艦三笠保存運動」の分析を通じて、戦艦という一兵器が、本来の目的以上の意味を読み込まれて、国家的戦争記念物となる過程と力学を明らかにしていきたい。

第1章でも確認した通り、戦艦三笠は日露戦争時の連合艦隊旗艦であり、国民の間でも一定の人気と知名度を有していた。しかしワシントン軍縮条約の締結によって主力艦保有数が制限されたことで、一九二二年当時艦齢二〇年を迎えていた三笠の廃艦が決定する。廃艦が正式決定されると記念艦としての保存を望む声が上がり、やがて全国的な保存運動へと発展していった。一九二六年に保存工事が完了し、「記念艦」となった三笠は「日露戦争の記念物」として現在まで保存されるに至っている。すなわち三笠は民衆の後押しで実現した軍縮によって廃艦に追いやられた一方で、同じ民衆の手によって国家的な記念物として再び掬い上げられたのである。

したがって「戦艦三笠保存運動」への着目は、戦艦という一兵器に過ぎないモノが、社会において単なる道具以上の意味を見出され、社会的な記念物として成立する過程を見ることにつながる。よって本章では、戦艦三笠保存運動に内在するロジックの分析を通じて、戦艦にその本来の使用目的以上の意味が読み込まれていく過程と理路を解明するとともに、この時期、戦艦に対していかなる意識・価値観がいかに醸成されたのかを見ていきたい。

本章では、一九二二年から一九二六年までの *The Japan Times & Mail* 及び『東京朝日新聞』を主な資料体として分析を行う。戦艦三笠はワシントン海軍軍縮条約における主力艦保有数の制限の影響で一九二二年に解体が決定した。この決定を受けて三笠保存論が持ち上がったことから一九二二年を分析の起点に定めた。さらに運動の展開、成就を通史的に分析するために保存工事が完了する一九二六年までを分析時期とした。

次に *The Japan Times & Mail* と『東京朝日新聞』を中心的に取り上げる理由について述べる。まず、*The Japan Times & Mail* は一八九七年に初の日本人による英字新聞として創刊された新聞である。日本の情報を海外に英語で発信することを目的としており、読者層も駐日外国人が中心であった。[1] 一九二二年当時の The Japan Times & Mail 社主筆芝染太郎が、海軍少将樺山可也に協力を請われたことを機に、The Japan Times & Mail 社は三笠保存運動の中心的役割を担うようになる。ゆえに本章では *The Japan Times & Mail* を最重要の分析対象と定め、The Japan Times & Mail 社が三笠保存に向けていかなる言説を構築したのかを分析する。

ただし、*The Japan Times & Mail* は駐日外国人向けの英字新聞であったため、英語を解さない民衆にその主張がどこまで波及していたかは疑問が残る。したがって本章では、当時有力紙の一角であった『東京朝日新聞』における三笠保存運動報道にも合わせて目配りする。[2]

本章では特に、①三笠保存運動は誰によって・どのような意図で立ち上げられたのか、②三笠保存運動はいかにして国民的運動として展開したのか、③「三笠保存運動」や「記念艦三笠」にいかなる意味や意義が読み込まれたのかの三点に注目して分析を進める。

1　三笠保存運動の成立

三笠保存運動の発端は、海軍内部の三笠保存派による三笠保存論であると推定される。『東京朝日新聞』では、一九二二年七月一七日の「名にし負ふ軍艦三笠を日本海大海戦の記念として保存」[3]において初めて三笠保存が言及された。「海軍部内では記念の軍艦であるから何とかしたいといふ希望があつてその方法についていろ〳〵講究中である」と報じていることから、この時点で既に海軍内において三笠保存についての動きがあったことが分かる。この海軍内部における三笠保存派の代表的人物が、当時の海軍砲術学校校長で海軍少将の樺山可也であった。[4]樺山は三笠保存運動を国民的運動とするためにはプレスの助力が必要であるとして、一九二三年六月二日に *The Japan Times & Mail* の主筆芝染太郎[5]と会談している。翌日、樺山の案内で三笠艦の現状を目にした芝は樺山の三笠保存論に強く共感し、運動に参与していく。同月、芝は論説「SAVE THE MIKASA」[6]の掲載を皮切りに、自社新聞においてプレス・キャンペーンを展開し始めた。[7]

保存実現に向けて差し当たり問題となったのは、工事費用の問題、保存工事に関わる技術上の問題、そして三笠の艦体保存がワシントン軍縮条約違反とみなされる恐れがあるという外交上の問題であった。「彼ら〔海軍当局〕は国際条約の神聖さを第一に考えている」[8]と述べられているように、海軍当局は特に三点目の条約抵触の恐れを問題視しており三笠艦体の保存については消極的な態度を示していた。ゆえに芝らは、海軍当局を動かすための国内世論の喚起と、駐日外国人向けの英字新聞という立場を活かした条約関係諸国への働きかけを、最初の活動として展開していった。

これらの活動を通して、*The Japan Times & Mail* が強調した三笠保存の意義は「国民精神の涵養」であった。日本人向けに記された三笠の保存を呼びかける文章において、「Save the Mikasa の叫は、国民の精神に、枯渇を来さぬが為」[9]であると運動の目的を説明している。

では、当時のどのような社会状況に国民精神の枯渇を見ていたのだろうか。芝は、横須賀港にて解体作業を待つ三笠を目の当たりにした際の状況を以下のように記している。

> その勇敢な老艦は、かつての仲間からも見捨てられ、忘れ去られている。昔の仲間からも、国からも。その老いと運命を世話する友人さえもなく、彼女は横須賀港の静かな水の中に荒涼と見捨てられ、哀れにもかつて彼女が持っていた誇りのすべてを剥ぎ取られてしまった。[10]

芝はなぜ民衆の側から三笠の保存を望む声が上がらないのかと疑問を呈しつつ、日露戦争の殊勲艦である三笠に対する敬愛と恩義を忘れた「忘れっぽい」国民の精神性を批判する。さらに別日の論説では「伝統のない国家は、希望のない国家であると私たちは信じている」[11]として、伝統や歴史意識をも忘却しつつある当時の社会状況を糾弾している。

さらに民衆だけでなく、保存に対して消極的な海軍当局も批判の対象だった。芝は将校や部下の士気、環境の雰囲気までもが平凡になっていると指摘しつつ、

　このような衰退と堕落の傾向は非常に深刻なものであり、もし時間内に食い止められなければ、この国に大きな災いをもたらすことになるかもしれない。[12]

と危惧している。芝は日露戦争の記憶を忘却し、三笠をスクラップにすることもいとわない当時の風潮に対して国民精神の枯渇を見ていた。つまり荒廃した三笠は、当時の日本人の荒廃した精神状況の象徴であった。ゆえに三笠を解体の運命から救い出し、荒廃した国民精神を再び涵養しなければならないと考えたのである。

三笠保存に対して消極的な姿勢を批判された海軍当局ではあるが、必ずしも議論の余地なしと判断していたわけではなく、一九二三年八月には海軍内に将兵・技師二三名からなる「軍艦三笠記念調査会」を設置し三笠保存の可能性を模索していた。調査会設置時点では艦体の一部を保存する部分的保存の検討がなされていた。[13]全体保存ではなく部分的保存が検討されていた理由としては、技術上の問題に加え、戦艦として完全に実用できない形で保存することで条約に抵触することを回避しようとした狙いがあると推察される。

保存運動の成立過程から、三笠保存運動は海軍内部の三笠保存派と彼らと協力関係にあった The Japan Times & Mail 社によって仕掛けられた運動であったことが分かる。*The Japan Times & Mail* は、保存運動に対する民衆の無関心とともに、海軍当局の消極的な姿勢を批判していた。一九二三年時点の海軍当局は、ワシントン軍縮条約を遵守するという観点から三笠保存について否定的な見解を示していたのである。The Japan Times & Mail 社の示した「三笠保存を通じた国民精神の涵養」という理念は必ずしも海軍当局の公式見解ではなく、一部保存派の見解に留まっていたと考えられる。

2　三笠保存運動の拡大

三笠保存会の設立と条約関係国へのロビイング

海軍の三笠保存派と The Japan Times & Mail 社によって三笠保存運動が立ち上げられてきたが、関東大震災の発生により一時中断してしまう。再開は一九二四年に入ってからのことであった。再開後、一九二四年二月に有志一五名によって財団法人三笠保存会が結成された。二月二四日に三笠保存会創立準備委員会が開かれ、その数日後に正式に発足している。[14] 名誉会長に当時海軍大将であった東郷平八郎を迎え、会長には貴族院議員で元東京市長の阪谷芳郎、副会長に貴族院議員で航空研究所所長の斯波忠三郎、貴族院議員の東郷安男が就任した。その他発起人には、末広重雄ら大学教授、第一生命社長の矢野恒夫、日本郵船社長の伊東米治郎といった実業家などが名を連ねている。[15] 芝も発起人のひとりに含まれており、他にも *The Japan Times & Mail* において三笠保存について執筆・言及していた蜂須賀正韶や徳川頼倫らも参与していることから、*The Japan Times & Mail* の SAVE THE MIKASA の運動と保存会の設立は地続きであったと考えられる。また、名誉会長の東郷以外には会の発起人に現役の海軍士官が含まれていないものの、保存会事務所が海軍省構内に設置されていたことなどからある程度海軍も協力関係にあったものと推察される。[16]

三笠保存会は、その発足に先んじて関係国を相手に手紙の送付・大使との会談などの働きかけを行い「異存なし」の返答を得ている。[17] 発足後は「事業の第一着手」[18] として、英米仏伊四ヵ国の大使に陳情書を送付し、ロビイングによって外交的問題の解消に努めた。

以上のような保存会の関係国への働きかけにより、交渉を行ったすべての国から「他の加盟国の同意を条件に保存に異議なし」との回答を得ることに成功する。一九二四年五月三一日に米政府から「異議なし」の電報を受け取ったことを報じた *The Japan Times & Mail* の記事において「この運動はすべての大国から好意的に受け入れられているので、保存されることが期待されている」[19] との見解が示されていることから、この外交的問題さえクリアされれば、国内に目立った反対はなく一定の支持を得られていたものと考えられる。

かくして一九二三年に樺山と芝が興した「SAVE THE MIKASA」の運動は、中断を挟みながらも約一年半の後に三笠艦体の保存決定にこぎつけたのである。諸団体を通じて関係国からの承諾を得たことで、政府は一九二五年一月に正式に三笠保存を閣議決定する。保存工事は海軍省によって担われることとなり、同年六月に着手された。

「熱心な国民」による保存の実現

三笠保存問題について当初は The Japan Times & Mail 社が報じるのみであったが、国内新聞も徐々にこれらの問題を取り扱うようになる。『東京朝日新聞』も一九二四年に入るとたびたび三笠保存運動の現況を報じるようになる。『東京朝日新聞』は一九二四年五月に三笠保存の目処が立ったことについて「心ある人々の運動」の結果であると報じた。注目すべきは、三笠保存の実現が「国民の意向」によるものであると報じられている点である。

> かくして条約干(ママ)係国全部の承諾を得た上は我国の海軍省外務省も熱心な国民の意嚮には反運対(ママ)をする筈もない[20](傍線は引用者による)

問題はここまでの保存運動における「国民」とは誰のことを指すのかという点にある。確かに三笠保存決定までの働きかけは The Japan Times & Mail 社のような私企業や三笠保存会などの民間団体によって担われており、政府や海軍省によって主導されたわけではない。しかし、三笠保存会発起人たちは貴族院議員や実業家、大学教授など社会の支配層であり、後景化しているものの海軍も一定程度運動に関与していた。世論喚起の中心となった *The Japan Times & Mail* も駐在員向けの英字新聞であり、社会の被支配層である民衆にどこまでその主張が浸透していたのかについては疑問が残る。また、保存決定までの保存運動初期の活動内容の中心が、条約関係国の承認を得るという政治・外交的問題の解決であったために、運動の主体もそのようなイシューに対し直接的に関与できる支配層に限られざるをえなかったと考えられる。これらを踏まえると、保存運動初期における「熱心な国民の意向」とは被支配層の民衆をも含めた意向というよりは、支配者層の意向に限られていた可能性が高い。

募金活動への移行による保存運動の拡大

三笠保存が正式に決定された後の主たる活動は、保存工事にかかる費用の募金活動へと移行していく。活動内容が外交的ロビイングから国内での募金運動に移行したことで、運動に参与する層が拡大していくこととなる。この時期の『東京朝日新聞』上では寄付金・同情金欄に三笠保存会への寄付情報が複数回掲載されている。[21] 寄付の主体は、これまで運動の中心であった支配層のみならず小中学校や企業有志、青年会、個人など多様化している。

同年一九二五年一一月には東京府主催で「三笠保存義えん金募集デー」の実施が内定した。[22] 三笠保存義えん金募集デーにおいては、日露戦争時の訓示「皇国の興廃この一戦にあり」にちなみ「一戦」と「一銭」をかけ、三笠保存会に対し一人一銭の寄付が呼びかけられた。[23] 私財を投ずるのみならず、一般市民からの募金集めなどの実作業も学生をはじめとした民衆自身の手によって担われた。金銭の供出や労働力の提供を通じて、民衆が三笠保存に向けた運動に動員されていったのである。

他方、民衆のみならず海軍内部においても寄付金集めが行われた。『東京朝日新聞』では「海軍が総掛りで集めた八千八百五十円」[24] と題し、東郷大将や海相をはじめとした高等官から職工、給仕に至るまで海軍総出で供金を集め八八五〇円あまりを三笠保存会に寄付したことが報じられている。また、海軍のみならず各政党や各省においても幹部会や次官会議にて寄付を決定し[25]、さらには摂政宮をはじめとした皇族からも下賜金が寄せられた[26]。*The Japan Times & Mail* は「身分の上下、貧富の別なく、あらゆる日本人が三笠保存の訴えに忠実に応えた[27]」結果、一九二六年三月時点で募金額が八万六〇一八円八四銭に達したことを報じた。三笠保存に関する募金運動は、まさに民衆から皇族まで上下一致の運動として発展していったのである。

一九二六年に入ると、大規模な関連イベントが複数開催されるようになる。海軍記念日近辺では、銀座松屋呉服店で海軍記念展覧会、三笠の保存先である横須賀市で三笠保存記念産業博覧会が開催された。これらの催しについて「三笠艦保存運動で東京は前例のない催し[28]」と報じられていることから、首都圏を中心に一定の盛り上がりを見せていたことがうかがえる。

また保存運動を主導してきたThe Japan Times & Mail社は、海軍記念日に併せて帝国劇場において寄付観劇を主催している。チケット代は四円ないしは五円に設定されており、全額が三笠保存会に寄付された[29]。The Japan Times & Mail社は、運動開始当初から自社発行の新聞や冊子においてプレス・キャンペーンを積極的に実施してきたが、紙面上の活動に留まらず現実空間においてもイベントを展開した。このような展開から、三笠保存運動は一種のメディア・イベントとして捉えることも可能であるといえよう。

これらの活動が結実し、一九二六年一一月には保存工事が完了した。同月一二日に落成式が挙行され、関係者五〇〇名余が出席した。以降、記念艦三笠は海軍記念日式典会場として毎年用いられ、日露戦争戦勝の記憶を想起する「記憶の場」として機能していくこととなる。平時には一般公開も行われ日本海海戦の歴史を伝える戦争博物館としても機能した。一九二九年度には約二〇万人の来場者を数え、「本邦のアウトドア・ミュージアムとしてもっとも成功したものゝ一であろう[30]」と評価されている。

かくして「軍艦三笠」は国民の手によって「記念艦三笠」へと作り替えられ、日露戦争の勝利という国民的記憶を象徴する記念物として太平洋戦争に突入するまで活用されていく。

3　記念艦三笠に読み込まれた複数の意味

民族の誇りとしての「三笠」

記念艦三笠はしばしば「民族」「国民・国家」といった言葉と結びつけられながら語られた。例えば、記念艦三笠落成式の翌日の『東京朝日新聞』は、記念艦三笠を「日本民族の誇り、名実ともに残るは聖代の盛事[31]」と称賛し、「国民の一大記念碑[32]」であると表現する。三笠は日本国民というネーションと結びつけられ、その誇りを示すシンボルとして取り扱われている。

しかし、民族の誇りであるはずの三笠は保存運動が勃興するまで、当の国民から忘れ去られていた。芝は保存を訴える際に廃艦が決定した三笠の荒廃ぶりを「国民に見捨てられた姿」であると評し、日露戦争の勝利に寄与した戦艦への恩義を忘れた「忘れっぽい」国民性を痛烈に批判している。

ただしそれは三笠に限ったことではなかった。日露戦争の英雄的存在として神格化された「軍神」

は戦後も軍歌や教科書でその偉業が讃えられ、軍神像まで建立されていた。しかし、一九二〇年代に入ると軍神像は邪魔者扱いされ移転計画まで持ち上がっていたのである。近代日本における「軍神」概念の成立と展開を分析した歴史学者の山室建徳は、第一次世界大戦前後の日本国内における空前の好景気により、一般市民の間では大衆消費文化を楽しむ余裕が生まれ、インテリ層の間では世界的な潮流でもあったデモクラシーとコミュニズムが影響力を増していたことが日露戦争当時の国民の一体感や軍神に対する畏敬の念を失わせたと考察している。[33] つまり、大正期においてもはや日露戦争の記憶は風化の一途を辿っていたといえる。

では、なぜ日露戦争の記憶が風化しつつあったこの時期に、三笠が民族の誇りとして再び語られるようになったのか。しかもそれが海軍や三笠の所在地である横須賀などの一部集団・地域に限ったものではなく、「国民の」記念碑として保存される必要があったのだろうか。

この時期、社会における精神的堕落や社会主義などの急進的な思想の台頭により国体の維持が危惧されていた。一九二〇年代には大戦景気に伴う資本主義の急速な発展や都市化に対する反動から物質主義に耽溺する民衆の精神的堕落が諸方面で批判されていた。また、社会主義等の急進的思想の台頭から愛国心の低下や国体維持に対する危機感が一定程度共有されてもいた。一九二三年一一月には大正天皇の名で「国民精神作興ニ関スル詔書」が出され、上記のような社会状況を厳しく批判し、国民精神を作興振作することで国本を固めよと戒められている。このような社会背景もあり、三笠保存推進派は荒れ果てた三笠の姿を国民の荒廃した精神の心象風景と重ね合わせている。ゆえに彼らは三笠の保存を通じて国民精神を涵養せねばならないと説いたのである。

つまり、三笠保存運動は国民意識や愛国心を取り戻す作業そのものであった。保存運動を主導した三笠保存会の会則第1章には「其ノ歴史的価値ヲ永ク国民ニ印象セシメ国民ノ精神ヲ養フヲ以テ目的トス」[34]と国民精神の涵養こそが保存の目的であることが明記されている。また、*The Japan Times & Mail* は一八一〇年代のアメリカでの記念艦保存運動と三笠保存運動とを関連づけ、これらの戦争記念物の保存は「物質主義や功利主義に対抗する愛国心の普遍性を示す良い例である」[35]と述べている。ここでの精神に重きを置く精神主義的な思想は、まさに「浮華放縦ヲ斥ケテ、質実剛健ニ趨」[36]くことを奨励した「国民精神作興ニ関スル詔書」と軌を一にするものであるといえる。したがって、三笠保存推進派にとって三笠の保存は、単に日露戦争の勝利を回顧するためだけではなく、風化しつつあった日露戦争の記憶を想起することで国民精神を回復させるための運動であったといえる。

ゆえに、三笠は日露戦争の勝利という過去の国民的記憶を想起させるために「国民的一大記念碑」と称されたのみならず、同時に保存運動を通じて回復された「国民精神の象徴」でもあったといえよう。三笠がナショナルなコメモレーションとなりえたのは、もちろん三笠が日露戦争の勝利という国民的記憶を想起させる象徴的存在であったということに因るところが大きい。しかしそれだけでなく、荒廃した三笠が一九二〇年代当時の「荒廃した国民精神」の心象風景であったとすれば、復興された三笠は保存運動を通じて「復興した国民精神」の象徴でもありえるだろう。つまり、一九二〇年代における日露戦争の記憶の風化は当時問題視されていた人心の乱れの一つの帰結であり、その処方箋として三笠保存運動が見出された。三笠保存運動への民衆参加の中核をなした募金運動は、まさに国民自身の手による復興作業であり、自国の歴史への尊敬を示す実践であった。ゆえに、記念艦三笠は保存運動を通じて回復された一九二〇年代当時の国民精神を象徴するナショナルなシンボルとしても機能しえたと考えられる。

平和の記念としての「三笠」

他方で、三笠にはナショナリスティックな意味だけでなく「平和の記念」という意味も同時に読み込まれていた。例えば、三重県大湊町町長が外務大臣宛に送付した請願書では三笠保存の意義が下記のように語られている。

> 世界平和ノ記念タル意義ヲ完カラシメ天佑神助ヲ奉謝スルノ道ヲ明ニスルト共ニ深遠ニシテ崇高ナル国家ノ歴史ヲ尊重シテ国民精神ノ善導ニ資スルハ最モ急要ノ挙ト信ズル[37]（傍線は引用者による）

この請願書では、三笠に「世界平和の記念」という意義が見出されている。また三笠保存会副会長の東郷安男は記念艦三笠について「国民の守護神であり、一大記念碑[38]」であると述べている。この発言において戦艦三笠は他国を攻撃した存在としてではなく、その働きによって国民を「守護」した存在であるとみなされている。いずれの記述からも記念艦三笠はナショナリスティックな意味だけでなく平和的な理念とも結びついていたことが確認できる。だが、なぜ本来戦争の道具である戦艦と「平和」との結びつきがことさらに強調される必要があったのだろうか。

まず、当時の国内世論への配慮が要因として考えられる。三笠保存運動の前後は第一次世界大戦の反省やワシントン軍縮をめぐる議論によって、世界的に厭戦ムードが漂い平和主義思潮が広まった時期であり、日本も例外ではなかった。軍縮推進論を展開した『東京朝日新聞』では、たびたび「世界の平和を実現[39]」することが主張され、軍閥批判や軍国主義批判がなされている。このような世論に対し、海軍関係者の間でも「今日は永久平和の時代[40]」であるとし、好戦的な態度は時代に適さないという認識が共有されていた。また、三笠保存運動の報道においても、「神頭の勝利品や軍人の銅さへ好戦感情を起さしめると云ふので問題のあるこの頃だ、むづかしい世の中になつて来た[41]」と戦争に関する記念物が好戦感情を煽るとして批判される時勢であることが示されていた。このような批判を鑑みると、この「永久平和の時代」において戦争のコメモレーションは、当時の平和主義的な理念と衝突しない形で意味付けられる必要があったものと考えられる。

加えて、三笠保存の実現には条約関係国に対する配慮も必要であったことも影響していると推測される。三笠保存において最大の障壁となったのは三笠の保存が軍縮条約不履行とみなされることへの懸念であった。保存を強行することは関係国からすればワシントン体制で共有された国際協調路線に水を差す行為であり、日本が未だに他国への侵攻を目論む軍国主義国家であると誤解されかねない行為であった。ゆえに、三笠保存の了承を得るためにロビイングを行った三笠保存会は、各国への請願において「日本人の心の中に、不当な軍国主義や偽りの愛国心を植え付けるつもりもない[42]」、「私たちは、世界の平和と人類の連帯を信じている。したがって侵略と軍事主義に反対する[43]」などとして、三笠の保存は軍事的な意図を持たず、平和主義に基づくものであることを強調し、各国の心情に配慮する姿勢を見せていた。

つまり、国内世論や関係国の心象に配慮しつつ保存という目的を達するためには、戦争の記念でありながら、軍事主義的な思想を排した意義が語られなくてはならなかったといえる。それこそが「世界平和の記念としての三笠」という語りであった。このような語りにおいて、三笠は戦争の勝利をもたらした存在としてではなく、自国に平和をもたらした存在であるとみなされる。しかし、三笠はあくまで一兵器であり、戦争記憶のコメモレーションとして見出された存在である。そのような三笠について戦争の記念でありながら軍事主義的な思想を排した意義付けは、いかにして可能となったのだろうか。

ここで、三笠を平和の記念として意味付けるために用いられた論理として、日露戦争を「良い戦争」とみなすロジックに注目したい。*The Japan Times & Mail* において三笠保存の意義を正当化するためにしばしば用いられたのが、日露戦争は日本の「自由と独立」を守るための戦争だったという戦争観である。

> その戦争は、世界の最も遠い隅にある比較的弱く取るに足らない国である日本に、ヨーロッパの最も強力な軍事国の一つが、東の出口を見つけようとする断固とした試みによって強要されたものである。しかし、日本は帝政ロシアの実質的な従属国になる代わりにその挑戦を受け入れ、老若男女を問わず、すべての日本人が一丸となって行動し、戦争に勝利したのである。[44]

実情はどうあれ、三笠保存運動において日露戦争とはロシア帝国という大国の侵略から自国の主権と独立を守るための自衛戦争であったという日露戦争観が共有されていた。ゆえに日露戦争の象徴的戦艦である三笠は「我々の独立と主権を救った三笠[45]」でありえたのである。

さらに、そのような存在である三笠を記念物として保存することは、現在の自由や独立に対しても意義を持つことであると主張されている。*The Japan Times & Mail* において、三笠の保存は「自由と独立の理想を守り、強化するのに役立つだろう[46]」と説明される。ここでは、日露戦争において獲得された自由と独立の理想が一九二〇年代においても引き継がれており、さらにその理想は三笠を通じて強化されなければならないと考えられていた。

つまり、日露戦争を自国の独立と主権を守った「良い戦争」であるとみなすことで、日露戦争の歴史は現在の永久平和という理念に反する悪しき過去ではなく、現在に続く良い歴史として位置付けられる。このような日露戦争観に立つことにより、記念艦三笠は戦争記憶のコメモレーションでありながら軍事主義的な色彩を漂白し、自由と独立の理想を強化する「世界平和の意義」を持つモニュメントとして語られることが可能となったといえる。

「歴史の踊り場」における三笠保存運動

一九二〇年代は、大正デモクラシーの高揚の背後で生じていた様々な社会の歪みへの反動として、ある種の精神主義的なものが台頭してきた時代であった。三笠保存運動もそのような流れの中に位置付けることができる。三笠保存運動に見られたような、国民の精神的堕落や愛国心の低下を危惧し、国民精神を涵養しなければならないとする主張は、三笠保存運動とほぼ同時期に現れた「天譴論」の主張と相同性を持つと考えられる。天譴論は、関東大震災を大戦景気以来の日本国民の放縦に対する天の戒めとみなし、震災からの復興は物質的復興のみならず精神的な復興も必要であるとする主張である。天譴論は震災前後の急進的な社会主義や自由主義の台頭に対する反動的思想であり、渋沢栄一らを筆頭に主として社会の支配層によって主張された。[47] 国民精神の涵養を目的に社会の支配層によって仕掛けられた三笠保存運動もまた、これらの反動的思想の流れに位置付けられる運動であるといえる。

その一方で、当時の平和思潮の流行や国際強調路線の影響下において、記念艦三笠にも平和主義的な意義が見出され、日露戦争についても現在の平和に続く「良い戦争」であるという肯定的な意味付けがなされてもいた。一九二二年の海軍記念日において、海軍関係者から「軍縮もつまりは海軍記念日の賜物」であるとする発言があったことが報じられている。[48] ここに見られるのは、かつての戦争が現在の平和の礎となっているとみなす見解であり、先に見た「自国の独立と主権を救った三笠」という語りも同様の見解に基づくものである。重要なのは、平和主義的な思潮に迎合しながらも三笠の保存が戦争への反省や批判には結びつかず、むしろ肯定する論理へと向かったという点である。つまり、三笠を通じて語られた「平和」や「自由」といった言葉は、現在想像されるような普遍的な意味ではなく、当時の戦勝国という立場から語られる限定的な意味しか持ち得なかったのではないかと考えられる。

三笠保存運動や記念艦三笠には、愛国主義や平和思潮など場合によっては相反することもある理念が交錯する中で、複数の意味が同時に読み込まれていた。このような三笠の多義性からは、一九二〇年代の日本社会の抱えていた多様性と矛盾が垣間見える。「可能性としての「日本」」研究会は、大正期の特徴をその「双面性」にあるとして、時代の高揚と沈降が交錯する「歴史の踊り場」であると称した。[49]三笠保存運動が起こった一九二〇年代は、まさにそのような高揚と沈降の只中にあった時期であるといえる。この時期の日本は、戦勝国として国際的地位が上昇するとともに大戦特需による好景気を迎えていた。一方で、資本主義の発展による格差の拡大や階級対立が顕在化した時期でもある。また、ワシントン軍縮実現を通じた平和思潮の流行や普通選挙法制定に代表される民本主義の高揚があった一方で、治安維持法が準備されるなど社会の中で様々な歪みや矛盾が噴出していた。記念艦三笠の多義性は、このような思想の多様性と矛盾を孕む時空間であった一九二〇年代の時代状況が投影されたものであり、社会における多様な、そしてときに相反する理念が交錯するコメモレーションとして構築されていったといえるだろう。

4　民族の誇りと平和のコメモレーション

本章では、戦艦三笠保存運動のメディア史的分析を通じて、戦艦が国家的戦争記念物となる過程と力学を検討してきた。まず、三笠保存会資料と *The Japan Times & Mail* の論説から三笠保存運動がいかなる経緯で始まった運動であるかを分析した。その結果、国民精神作興を目的に海軍や社会の支配層によってメディアを通じて仕掛けられた運動であったことが明らかになった。続いて運動の本格化から完成までの過程を整理し、いかにして運動が結実するに至ったかを検証した。保存運動が政治・外交的イシューから保存が決定した後の資金面の問題を解決するための運動へと内容を変えていくにつれて、民衆を巻き込んだ国民的運動として拡大していったことが明らかになった。そして、運動の変遷を踏まえて「記念艦三笠」にいかなる意味付けがなされていたのかを考察した。そこで明らかにされたのは、三笠保存運動は当時の急進的思想の台頭に対する反動的思想の文脈で意義づけられていた一方で、平和主義的思潮に影響された世論や関係国への配慮から、現在の平和の礎としての意味が見出されるなど、複数の意味が同時に読み込まれ、当時の社会の多様な理念が交錯するコメモレーションとして構築されていったということである。

以上のことから、三笠保存運動の成立には、支配者層／被支配者層という階級における対立項と急進的思想／反動的思想という社会思想における対立項の力学の存在が確認できる。

運動を主導した支配層は国民精神の作興を旗印に民衆に対して働きかけを行ったが、同時に支持を獲得するために民衆の反軍思想へ相当の配慮を行ってもいた。そして民衆もその理念を受容し運動を支持していく。したがって保存運動は一方的な上からの強制であったのではなく、両者の力学の中で上下一致の運動として成立していったといえる。さらにいえば、三笠保存運動が国民精神の作興を目的としたのは、当時台頭しつつあった急進的思想に対する反動的思想に基づいていた。ただし、愛国心の基礎として自国の戦勝の歴史を誇示しようとする一方、そのような試みは当時の平和主義的思潮と対立しない形で行われることが求められてもいた。記念艦三笠への意味付けは、当時の様々な社会思想が交錯する状況を反映するものであり、その力学のもとで多義的なコメモレーションとして成立したのである。

このような、国家のコメモレーションとしての記念艦三笠の成立過程は、急進的思想の流行により危機に晒されていたナショナル・アイデンティティの確認・強化の作業の過程であり、その際、戦艦は国民精神すなわちナショナル・アイデンティティの象徴としてみなされていたことが分かる。もちろん、記念艦三笠は、あくまで日露戦争の勝利というナショナルな歴史の顕彰を第一義としており、造艦技術やその技術的優秀性が顕彰されたわけではないことには留意が必要である。しかし、テクノ・ナショナリズム的な文脈とは異なるにせよ、本事例からは、この時期人々が戦艦に単なる「モノ」以上の意味を見出していたことが析出できるだろう。つまり、戦艦三笠保存運動を通じた国民精神の作興という試みは、戦艦はナショナル・アイデンティティの象徴であり、民族の誇りとすべきものという認識を形成する作業でもあったといえる。

第3章　敗戦国日本はいかに戦艦大和を発見したか

第3章では、終戦から一九五〇年代までの戦艦大和をめぐる言説を見ていく。特に戦艦大和の技術的評価をめぐる言説の分析を通じて、戦前の軍事技術開発の歴史が敗戦後いかに評価されてきたのかを検討したい。

終戦直後から日本政府は、科学技術の振興によって国家の再建が達成されるという展望を示していた。しかしこの時期、科学技術立国を理念として掲げる政府と一般大衆の間に自国の科学技術に対する認識の差異があることが予測される。一九四六年に外務省が作成した『日本経済再建の基本問題』では「過去における日本技術は、日本経済の有する性格と同様に多分に軍事的色彩を持つた。即ち技術は直接間接に日本の軍事力を強化する為の手段として利用せられたのである。今や技術は国民に対する奉仕者として、生活環境の改善と生活水準の実質的向上を齎すべき本来の使命に戻らねばならない[1]」として、戦前の軍事偏重の科学技術に対する反省と決別が論じられている。

しかし、民主的な科学技術振興を目指す政府の言説とは裏腹に、当時の大衆メディアでは、戦前の軍国主義の下で発達した軍事技術の優秀性を誇示するような言説がしばしば見受けられる。ここには、政府による科学技術立国とは異なるロジックの科学技術とナショナル・アイデンティティの結びつきが予測される。ゆえに本章では、大衆メディアの一つである「雑誌」における戦艦大和をはじめとした軍事技術についての言説を分析することでこのロジックに迫りたい。

第3章からは戦艦大和に関する言説を事例に、戦後における旧軍技術をめぐる語りを見ていくが、ここで主たる資料として注目するのが軍事総合雑誌の『丸』である。『丸』は一九四八年三月に聯合プレス社によって創刊され、一九五四年からは潮書房（現：潮書房光人新社）にて刊行されている月刊誌である。[2] 創刊当初は総合雑誌として刊行されていたが、一九五六年頃から戦記や戦史、軍事に特化したミリタリー専門誌へと編集方針を転換させている。

『丸』をはじめとする軍事雑誌には、旧軍関係者による戦記やインタビュー記事が多数掲載されており、旧軍関係者が自身の戦争体験を語る言説空間としても機能してきた。特に一九六〇年代頃からは旧日本陸海軍開発の艦艇や航空機、戦車等の兵器メカニズムの解説記事も増加し、メインコンテンツの一つとなっている。これらの旧軍兵器メカニズム解説の多くは、旧軍技術者出身の論客によって執筆され、同時期のプラモデルブームと相互に影響を与えつつ、若年層を中心に多くの「兵器ファン」を生み出した。

その中で、戦艦大和（大和型戦艦）は、旧日本海軍が最後に建造した「世界最大・最強の戦艦」として零戦と双璧をなす人気コンテンツの一つとして受容されていった。[3]『丸』におけるメカニズム解説記事のなかで、戦前戦中に一般国民に秘匿されていた戦艦大和の全貌が語られ、(再)評価され、ときに顕彰されていくことを通じて、日本の技術的象徴としての戦艦大和イメージもまた構築されていったのである。したがって、『丸』におけるメカニズム関連記事の言説を通史的に分析することで、日本の技術的象徴、あるいは科学技術立国の礎としての大和というイメージが、いつ頃からいかに構築され、またどのように展開していったのかを明らかにすることができると考えられる。

もちろん『丸』以外にも、戦後様々な軍事関連雑誌は刊行されている。これらの雑誌の中でも『丸』は最初期に創刊した雑誌であり、戦後日本の軍事雑誌の先駆け的存在であるといえる。ゆえに、同ジャンルの後続雑誌においても参照される存在であり、軍事雑誌という言説空間における戦艦大和をはじめとした軍事技術をめぐる一種の通説が形成される上で少なくない影響力を有したものと推測される。

また、『丸』の特徴的なスタンスである、戦記・メカニズム・現代軍事を総合的に取り扱う「総合軍事雑誌」としての性格は、誌上に多様なバックグラウンドを持つ書き手を招き入れることにつながった。旧軍技術のメカニズム解説は、福井静夫や堀越二郎など戦前戦中に旧軍技術者として兵器開発に従事した技術者たちが主に担当してきた。その他にも用兵の立場から戦艦や航空機について述べる旧軍士官出身の論者や、戦後世代の戦史研究家や軍事ジャーナリスト、漫画家といった非技術者の書き手も大和をはじめとした兵器メカニズムについて言及している。したがって、大和をはじめとした旧軍技術をめぐる言説についても様々な世代、立場の人々の意識や価値観が反映されているものと考えられる。以上のような理由から、本書では『丸』を主な資料として照明を当てたい。

『丸』以外でも、一九四八年にＧＨＱの占領政策の一環として出版された『眞相箱』をはじめ、雑誌や書籍を通じて太平洋戦争の「真相」や「戦記」が戦後語られるようになる。特に占領終結以降はこれまで検閲に押さえ込まれていた反動もあり「戦記もの」ブームが起こる。そのような中で、政府が敗戦の要因として挙げた「科学戦の敗北」についても検証が行われていくこととなる。戦艦大和も検証対象の一つとしてたびたび取り上げられた。したがって本章では、敗戦の原因究明の文脈において戦艦大和がいかに検証されたか、そして、敗戦の原因として検証されたはずの戦艦大和が、いかにして当時の敗戦国民のナショナル・プライドを鼓舞し、敗戦により危機に瀕していたナショナル・アイデンティティの強化に結びついたのかを見ていきたい。

本章ではまず、旧日本海軍の中心的な戦略思想の一つであった大艦巨砲主義をめぐる言説を分析する。大艦巨砲主義とは、大口径の主砲を搭載した重装甲艦である戦艦を中心とした艦隊を結成し艦隊決戦によって敵勢力を撃滅することを志向する戦略思想である。世界最大の排水量と世界最大の口径の主砲を備える大和型戦艦はまさに大艦巨砲主義の象徴ともいえる存在であった。しかし太平洋戦争時には戦闘の主力が航空兵力に移行していたために、大艦巨砲主義に基づいて設計された戦艦は十分な戦果を挙げることができなかった。この大艦巨砲主義から航空兵力中心主義への戦略思想の移行に乗り遅れたことが、旧日本海軍の敗因の一つとして現在でもしばしば批判の対象となる。そして大艦巨砲主義に基づいて設計された大和型戦艦もまた、批判の槍玉に挙げられてきた。すなわち大艦巨砲主義をめぐる議論は、戦後における戦艦大和の評価やパブリックイメージの形成の一端を担ってきたといえる。ゆえに本章では、大艦巨砲主義をめぐる議論における戦艦大和の評価にまず着目したい。

次に戦艦大和の技術史的評価を通時的に分析していく。戦艦に関する主要な言説は、その戦艦が参加した戦闘の「戦記」の他に戦艦の性能や装備、造艦技術等「メカニズム」に関するものがある。これらのメカニズムにまつわる言説を分析することで、戦艦大和の技術史的評価がいかに構築されてきたかを明らかにするとともに、戦前の軍事技術開発の歴史がいかに評価されていたかを検討していく。

最後に、特に一九五〇年代後半に見られるようになる戦艦と「民族の誇り」を結びつける言説に着目する。ＧＨＱによる占領が終結し、戦後一〇年が経過する頃に差し掛かると『丸』誌上において戦艦に「民族の誇り」を見出すような言説がしばしば登場してくる。これらの言説を分析することを通して、なぜ戦艦に「民族の誇り」が見出されていったのかを検討する。

上記の分析を通じて、終戦後に戦艦大和をはじめとした戦前の軍事技術開発が、いかなる文脈で語られ、評価されたのか、そしてそれがいかなる理路を経てナショナリズムの喚起へと結びついていくのかを明らかにしていきたい。

１　大艦巨砲主義の象徴としての「大和」

科学戦敗北の象徴としての大艦巨砲主義

戦前に「軍事機密（軍機）」扱いであり大半の国民がその詳細を知らされていなかった戦艦大和であるが、終戦後出版物を通じてその存在は広く国民の知るところとなる。この時期の大和をめぐる言説は主として旧海軍関係者による先の大戦の総括や戦記の中で構築されていった。彼らの多くは先の大戦における旧日本海軍の敗因を、日米決戦開戦後に起こった大艦巨砲主義から航空機主力主義への戦略思想の転換に乗り遅れたことに求めた。ゆえに太平洋戦争開戦前に大艦巨砲主義の思想に基づいて計画・設計された戦艦大和及びその姉妹艦武蔵は、旧日本海軍の首脳陣が拘泥した古い思想である大艦巨砲主義の象徴として批判の的となったのである。とはいえ、大艦巨砲主義批判と一口に言っても論者によってそのニュアンスはそれぞれ異なっている。ここでは、この時期に行われた大艦巨砲主義批判を三つの見方に大別する。一つ目が大艦巨砲主義を首脳陣の保守的思想の表れ、科学戦の敗退の結果とみなす見方、二つ目が大艦巨砲主義を敗戦の要因と認めつつも、戦艦から航空機への転換がうまくいかなかったのは致し方ないとする見方、三つ目が抑止力としての大艦巨砲主義の積極的意義を主張する見方である。以下でそれぞれの議論を見ていこう。

まず一つ目の大艦巨砲主義を首脳陣の保守的思想の表れ、科学戦の敗退とみなす見方についてである。この見方が最も痛烈に大艦巨砲主義を批判する立場であった。

終戦後かなり早い段階で「大艦巨砲主義」という用語を用いて旧日本海軍批判を行った新聞記者の森正蔵は、太平洋戦争における戦略思想の転換を以下のように総括している。

> 今次大戦前まで列強の海軍作戦当局を左右した思想は徹底した大艦巨砲主義であつた。戦艦の多寡が海戦の運命を決するものとして建艦競争に乗り出したのである。然しながら海戦の様相はマレー沖海戦を転機として一変した。即ち空軍思想への覚醒である。〔中略〕

とまれ海軍部内においては、終戦直前まで空軍の軽視される傾きのあったことは見逃せなかった。[4]

森は一九四一年一二月のマレー沖海戦で海戦における航空機の重要性が示されていたにもかかわらず、海軍内部において終戦直前まで空軍(航空兵力)を軽視する傾向があったことを指摘している。[5]また、この記述の後「日本の近代科学戦に対する貧困は今次大戦の決定的敗因の一つであった」[6]と断じている。

『丸』において初めて日本海軍の回顧録を寄稿した元海軍軍人で駐アメリカ合衆国全権大使であった野村吉三郎もまた、森同様太平洋戦争の敗因を「之全く科学進歩の差と科学を工業化する力の差に因ると思う」[7]と述べている。野村は続けて大和型戦艦三隻が雷撃爆撃にあえなく沈んだことについて「大艦巨砲主義は積極的に見へるが、其実科学の飛躍的に進歩する時代には、保守的現状維持である事を証明した」[8]と評し、戦前に大和型戦艦を計画・建造した日本海軍の姿勢が保守的であったことを指摘した。

森や野村は、大和型戦艦計画時に大艦巨砲主義に基づく戦備・建艦政策を選択したこと、さらに航空兵力中心に戦略思想の主流が変化した後もその趨勢に対応できなかったことの原因を科学力、工業力の差によるものと考えていることが読み取れる。両者ともにほとんど大艦巨砲主義やそれを採用した旧日本海軍への擁護的発言は見られず、批判的な立場をとっている。[9]

森や野村のような大艦巨砲主義を酌量の余地のない旧日本海軍の科学戦の敗北とみなす考え方は、

占領終結後にも確認できる。例えば、元海軍司令部作戦課長・元海軍大佐の大前敏一と中野五郎は一九五七年の『丸』臨時増刊号において以下のように述べている。

日本の海軍は明治四十二年以来、アメリカというものを目標にして、いろいろな軍備だとか作戦計画だとか訓練だとか、そういうものを積んできたわけです。それがあのような太平洋戦争の結果に終ったのは、その原因が一体どこにあるか? これが大事な点ですよ。それは航空というものができてきたからです。そしていままでは制海権をとることが、いわゆる戦争の一つの大きなヤマだった。その制海権は何んでとるかというと、海上決戦だった。(10)

戦前の日本海軍が長年アメリカを仮想敵国として軍備や作戦計画を準備してきたにもかかわらず、太平洋戦争で敗北を喫したのは「航空の登場」によるものだとし、航空機時代に対応できなかったのは「要するにサイエンスの面に日本は敗けていた。技術も劣っていたし。軍人が科学に対して無関心だった。これは軍人と科学者の両方が悪いと思う」(11)と述懐している。後述するが、占領終結後のこの時期には大艦巨砲主義擁護論ともいえる言説も登場している。にもかかわらず占領期同様の大艦巨砲主義批判が変わらず述べられていることから、大艦巨砲主義=旧日本海軍の科学戦の敗北、旧態依然とした保守的組織の失敗という見方は占領終結後も一定程度定着していたものと考えられる。

また、一九五七年の『丸』一〇巻六号では大和型第三番艦信濃に関する米海軍の論文が翻訳・紹介されている。その冒頭では、大和とその姉妹艦に対し「こんにち、大和とその二隻の姉妹艦について、その中に、かつて、日本の無益で悲劇的な戦争努力の象徴を発見することのできる人々はより賢明であり又たしかに健全な思想の持主である」[12]と日本人の論者以上の痛烈な批判がなされている。世界最大の排水量の艦体に最大口径の主砲を備える戦艦の建造も科学力、工業力、物量で勝る米国側から見れば全くの無益な戦争努力に過ぎなかったというわけである。このような辛辣な評価をも掲載しているることから、軍事専門誌である『丸』の言説空間でさえも当時の戦艦大和には厳しい目が向けられていたことがうかがえる。

以上のように大艦巨砲主義批判派は、航空機が既に台頭しつつあった一九三〇年代に大艦巨砲主義に基づく建艦政策をとった判断や、太平洋戦争開戦後に航空機中心の戦略思想に対応できなかったことなどを、日本の科学戦の敗北と捉えたのである。

大艦巨砲主義一部擁護派の主張

二つ目の見方が、太平洋戦争前後は大艦巨砲主義と航空中心主義の過渡期であり、航空機の急速な発達は予見できなかった。結果として大和は無用の長物となったが、それは仕方のないことであったとする見方である。このような見解を示す論者のほとんどが、大艦巨砲主義から航空中心主義への移行の失敗を敗因と認めつつも、大和建艦時に大艦巨砲主義に基づいて計画が立案されたのは当時の状況を鑑みれば致し方ないと擁護する立場をとる。

例えば、戦艦大和設計補佐に携わった元海軍技術大佐の松本喜太郎と元海軍大尉の内藤正直は、航空機の発達について以下のように回想している。

この「大和級」は従来の砲戦だけならば、絶対に不沈であつたのである。これが設計された当時、いく度か設計が変更されたとはいえ、昭和九年から昭和十二年に至る、この四年間は全く戦争らしい戦争はなかつたし、航空機がかくの如く急速な発達を遂げようとは、設計当事者の夢想だにせぬところであつた。[13]

先に見た大艦巨砲主義を科学戦の敗戦とみなす見方と異なり、大和は従来の砲戦中心の海戦であれば絶対に不沈の戦艦であったと、むしろその性能を高く評価している。そして当時の一造船官にとって航空機の急発達は予想だにしないことであったとも述べられている。

一方で一九五六年に『丸』誌上で行われた元海軍関係者五名による座談会にて、開戦当時軍令部第一部長であった福留繁は当時の海軍内部における大艦巨砲主義をめぐって次のような変遷があったと証言している。

第二次大戦はですね、海軍の兵術思想から見ますと、いやこれは日本だけではありません、世界の兵術思想から見ますと、大艦巨砲の戦艦主義と母艦の航空兵力主義との過渡期なんですよ。それで日本でも山本五十六とか大西滝次郎(ママ)など、航空の先覚者と称せられる人は、最早戦艦時代は去り、母艦時代に入つたということを言い、武蔵・大和を造るのは馬鹿〳〵しい、武蔵・大和の建造費と維持費をもつてすれば戦斗機千機を維持できる。その方がはるかに賢明なんだと、こういうことを言っておったんですが、まだ世界の大勢は、これは惰性もありますが、やはり大艦主義というのが勢力を占めていた。日本でもこの大きな大勢に順応して武蔵・大和を造ったわけです。ところが真珠湾攻撃ではっきりと現代海戦の主力は母艦ということが実証された。[14]

福留によれば、大和型の計画時より日本海軍内部にも航空兵力を重視する意見はあったが、日本海軍のみならず世界の大勢が大艦巨砲主義の路線をとっていたがゆえに、その意見は採用されず大和型戦艦が建造されたということである。すなわち先の松本のような現場の造船官はともかく軍令部の首脳陣は必ずしも航空機の発達を予見できていなかったわけではないということが示されている。この福留の「日本海軍内部にも航空機重視の意見が存在した」と「世界の大勢において大艦主義が勢力を占めていた」との言からは、日本海軍だけが変化に乗り遅れていたわけではないという戦後の大艦巨砲主義悪玉論に対する反論の意図がうかがえよう。この点において福留もまた松本同様、戦艦から航空機へという戦略思想の急転換は実際に開戦するまで実証できるものではなかったとみなしている。

とはいえ、開戦前に最善と考えて計画された大和が実際の戦闘でほとんど活用されることがなかったという点については、一部擁護派も認めるところであったことが分かる。松本のように大和の戦艦としての性能自体を高く評価していたとしても、大和の戦績については擁護し難いものがあったと推察される。

抑止力としての大艦巨砲

他方で、大艦巨砲主義に基づいて世界最大級の戦艦を製造したことをより積極的に肯定・擁護する見解も存在した。それが三つ目の抑止力としての大艦巨砲肯定の見方である。大和型戦艦に関する情報は他国への情報流出を防ぐために、軍機保護法において最も秘密重要度の高い軍機と定められていた。ゆえに日本国民はもちろん米英など諸外国においても大和型戦艦の詳細は開戦まで把握できていなかったとされている。艦隊決戦における優位を確保するために大和の存在は開戦まで伏せられていたわけであるが、大和を抑止力とみる見解においては、秘匿するのではなくむしろその存在を知らしめるべきであったと主張される。

「大和はなぜ温存されたか」と題された記事は、「十八インチ砲を、ろくに撃たずに沈んだこの巨艦をなぜ緒戦から堂々と戦わせなかったのか。これは今後に解決されなければならない問題である」[15]と大和の運用法については批判的な眼差しを向けるが、大和という戦艦に対する高い評価と信頼を裏付けとして大和を戦争の抑止力とすべきであったと主張する。他にも抑止力の役割を期待した言説には以下のようなものも見られる。

米国が開戦前にもし日本に想像を絶するような巨艦が建造されつつあることを知つたとしたら、米国の最後通牒があのような形で、またあの時機に発せられただろうか、と疑問を抱かざるを得ないのだ。その上、十八インチという巨弾が米本土に射ちこまれるかも知れない、という恐怖が、もしも米国人の人心をとらえたとしたらこれほど効果のある心理戦はなかつただろう。[16]

当時世界最大の排水量かつ最大級の主砲を備えた戦艦を秘匿するのではなく、世界に知らしめていたとしたら日米開戦には至らなかったのではないかと抑止力としての役割が大和に希求されている。このような大和に抑止力としての役割を期待する言説においては、大和は無用の長物であるどころかアメリカに開戦を躊躇させうる性能を持つ戦艦として高く評価されていることが分かる。

実際には開戦前に抑止力としての役割を果たすことがなかった大和であるが、本記事の筆者はさらに、開戦後大和の存在を知った米軍にとって大和は不安要素であり続けたとして、「日本がかかる巨艦を有していたことも、けっして無用のことではなかった」[17]と結んでいる。先に見た二つの大艦巨砲主義批判論とは異なり、開戦後においても大和の意義を相当に高く評価していることが特徴的である。それも実際の戦闘における武力や戦闘力としてというよりも、大和が存在することによって相手国に与える精神的圧力が評価されている。このような評価には、世界最大の戦艦である大和の性能に対する強い信頼がうかがえる。

以上、ここまで見てきたように一口に大艦巨砲主義批判といえども、そのニュアンスにはいくつかのバリエーションが見られることが分かる。そこでは大艦巨砲主義の極地ともいえる大和型戦艦に対する評価にもばらつきが見られた。しかし、大和を抑止力として評価する言説を除くと、たとえ大和の技術的所産としての性能は一定程度評価したとしても、結果として大和が実際の戦闘において「無用の長物」と化したこと自体は、大半の論者の共通認識であった。

2 「大和」を造り上げた造艦技術への評価

第1節で見てきた大艦巨砲主義に対する批判は、戦後の戦艦大和の「時代遅れの無用の長物」というパブリックイメージを構築する上で一定の影響を及ぼした。しかし、大艦巨砲主義批判の主旨はあくまで大和構想時に大艦巨砲主義を採用し航空兵力を軽視した首脳陣の方針への評価、または開戦後に航空中心主義に戦術思想の中心が移行して以降もそれに対応できなかった諸々の原因に対する批判であり、艦の性能それ自体や、それを実現する造艦技術そのものに対する評価とは必ずしも一致しない。

ここからはメカニズムという文脈において、大和を造り上げた造艦技術やその所産としての大和型戦艦の評価自体はいかなるものだったのかを見ていきたい。

元造船官たちの戦艦大和賛美論

戦艦大和のメカニズム評価については、福井静夫や松本喜太郎といった旧日本海軍の元造船官らを中心にまとめられていった。彼らの論説は、いわゆるカストリ雑誌や『自然』をはじめとした科学雑誌などを中心に発表されていく。以下、福井・松本両名がいかなる戦艦大和の解説及び評価を行ったのかをそれぞれ見ていこう。

福井は、一九四九年一〇月発行の『探訪読物』にて岡野十二という筆名で「謎の大戦艦「大和」の全貌」という論説を発表している。この岡野（福井）の大和論において着目すべきは、戦艦大和を当時の日本の工業技術の結晶とみなしている点、そして戦艦大和を技術立国の礎とみなす言説の萌芽ともいえる見解を示している点である。

こゝに特に強調したいのは、単に最大といふばかりでなく、その構造や艤装や諸設備が、当時の日本の工業技術の粋を集めてゐたといふことである。[18]

すなわち「戦艦大和は科学技術の結晶」という現在まで続く大和イメージの登場である。大和が「当時の日本の工業技術の粋を集めて」造られていたことを強調することで、戦艦大和に単なる兵器以上の意味を与えている。この意味において戦艦大和は日本の工業技術力を表象する存在となるのである。また、同論説の中では「〔大和を〕文化施設と云つたのは、その施設そのものが平和日本の再建に必ず利用できるに違ひない」[19]、「以て何等かの平和技術に貢献し得るならば、我々の本懐といふべきであらう」[20]と述べられている。福井は戦艦大和を造り上げた戦前の工業技術は戦後の「平和日本の再建」及び「平和技術」に貢献しうるとの見解を示している。福井にとって戦艦大和の建艦に用いられた軍事技術であっても、使い途によっては平和技術にもなりうるものであり、軍事技術と平和技術の間に連続性を見出していることがうかがえる。このような大和を平和日本の再建へ利用するという福井の発言は、戦前の軍事技術を戦後の科学技術開発の礎とみなす言説の萌芽といえるだろう。

戦前に戦艦大和の設計補佐を務めた松本喜太郎も、福井とほぼ同時期に大和のメカニズムを解説する連載を科学雑誌『自然』にて執筆している。この連載をもとに出版されたのが『戦艦大和――その生涯の技術報告』[21]である。松本の大和論もまた福井同様の大和賛美論であった。松本は同書のまえがきにおいて大和の設計及び建艦について「確かに日本といわず世界の技術史の一頁を大きく埋めるにふさわしい大事業であった[22]」と高く評価しており、そのような大和建艦の技術を後世に伝える意義を「船の姿が技術の進歩に伴つて当然変つてくるべきものとしても、その設計や建造上の原理的な考え方には変ることなき永い生命があるものである。この意味に於て大和の技術記録を残すことは、技術の世界にとつて大きな価値のある問題であると確信する次第である[23]」と述べている。

松本も福井同様に戦前の軍事技術開発と戦後の造船技術開発の間に連続性を見出していることが分かる。日本政府は終戦後に軍事技術に対する反省と決別を述べているが、福井・松本ら技術者にとって技術の原理は軍事利用か平和利用かといった使途によって分別しうるものではなく、技術は技術として戦前戦後の谷間を超えて継承されていくべきものであった。

また、松本は科学雑誌『自然』での「戦艦大和――その生涯」連載の最終回において「日本人は自己の有する技術能力の優秀性を自覚すべきだ[24]」と主張している。この主張は、戦艦大和に象徴される技術能力と日本人というナショナリティを結びつけ、技術能力に日本人としてのナショナル・プライドを見出そうとするものである。

社会学者の吉見俊哉は、論文「アメリカナイゼーションと文化の政治学」において、家電広告の分析から「一九六〇年代以降、「日本」の技術者たちが「世界」に卓越するテクノロジーを持った主体として描かれるようになる」ことを指摘し、それを「ナショナルな技術主義的「主体性」のイメージの創出」であるとしている。[25]戦前に世界一の戦艦を建造したと自負する松本のような戦前の技術者たちは、そのような戦後社会の動向に先んじて、自己の技術能力なるものを拠り所としてナショナルな主体を立ち上げようとしていたといえるだろう。

ただし、福井や松本が展開したような戦艦大和のメカニズムに対する賛美論には異論も存在した。歴史学者の一ノ瀬俊也は、岡野（福井）が『探訪読物』で主張したような大和賛美論に対する異論として、一九五六年発行の雑誌『海と空』において、大和に特筆すべき戦功もないとしつつ「如何に造艦技術は我が国の最高水準を本艦（大和）によつて誇示した処で、就役後その指揮官の巧拙、乗員訓練の良否、搭載公器の精度等が重大な関係をもつて艦の運命を左右するものである」と主張する論説の存在を挙げ、戦艦は「技術」ではなく「戦功」で評価されるべきという主張が存在したことを指摘している。[26]

とはいえ、この時期の戦艦大和に関する言説を全体的に見ればそのような主張は少数派であり、福井や松本が主張したようなメカニズムの文脈における戦艦大和賛美論は、『丸』をはじめとした軍事雑誌等のメディアを通じて繰り返し再生産されていくことになる。

軍事雑誌『丸』における戦艦「大和」の技術的評価

元連合艦隊司令長官豊田副武は、一九五一年四巻五号の『丸』誌上におけるインタビュー記事にて以下のような発言を行っている。

記者　〔中略〕日本の有していた最高の製艦技術の集積である「大和」級戦艦である。大和、武蔵は与えられた性能を発揮することなく、空しく海底に没したが、あれは設計上の誤りでもあったためであるか。

豊田　否、設計は当時にあってのあらゆる場合を想定して、周到な考慮が払われていた。しかし、航空機は当時にあっては補助兵力であったのでこれに対する防御に欠くるところはあった。〔中略〕私は「大和」級戦艦は現在でも、欧米の軍艦に比較して、決して優るとも劣らぬ軍艦であったと信じている。[27]

豊田は、航空機に対する防御に不足があったことは認めつつも、敗戦後においても大和は欧米の戦艦に優るとも劣らないものであったと評価している。同時に、インタビュアーも「最高の製艦技術の集積」と大和を評し、当時の造艦技術の優越性を自明の前提として質問を行っている。両者の問答からは、福井や松本らのメカニズムの文脈における戦艦大和賛美論と共通の認識を有していることがうかがえる。すなわち、戦艦大和は当時の日本の科学技術の結晶であり、撃沈されてもなおその技術史的評価は何ら損なわれるものではないという認識である。

このような戦艦大和と造艦技術に対する肯定的評価は占領終結後の大和言説にも引き継がれた。例えば、大和沈没時の副長であった能村次郎は、旧日本海軍の造艦技術とその所産である大和について以下のように評している。

日本が主力艦の建造を始めたのは、日露戦争後であるが、つねに列国の一頭地を抜く着想と技術をもって質的の優位を確保して来た。「大和」もその一例であって、日本造艦技術の優秀さは、「大和」一つをもって、世界に誇ってよいと思う。

この大戦艦「大和」も開戦後急速に発達した航空機との戦いで、ついに最後をとげた。が、延べ千機におよぶ艦載機の集中攻撃にたいし、一機の掩護機もなく、激闘二時間、魚雷二十数本（爆弾は無数）を受けて、ようやく沈んだのである。この強靭さは「大和」を不沈艦と称しても決して不当ではなく、これを計画建造した日本人の栄誉を傷けるものでもない。[28]

能村は大和を日本の造艦技術の優秀さの象徴として、世界に誇るべきものであると称賛している。また、大和は確かに航空機によって撃沈されたが、その強靭さをもって不沈艦と呼ぶにふさわしいと評し、撃沈という戦艦としては不名誉な最期の様子すらも大和の技術的優秀性を証明するものと捉えていることが読み取れる。同様に、元海軍中佐の吉田俊雄も、大和型戦艦の二番艦である武蔵に言及し、「武蔵を造った日本の設計技術と建造技術は当時世界の群を抜いていた[29]」とその優越性を誇示している。

さらにこのような認識は、大和や旧日本海軍の批判者にさえも一定程度共通の認識であったと推察される。一九五九年の『丸』一二巻三号「第二次世界大戦の50大事件」において、「戦後に「**大和**」の出撃はまったく犬死でありむしろ終戦まで大切に温存して国際連合に日本科学の粋として寄附すべきであったと唱えるものがある[30]」と、大和の沖縄出撃を批判する声が紹介されている。この記述で目を引くのは「犬死」という旧日本海軍に対する強烈な批判以上に、大和を日本科学の粋とし、国際連合に寄付する価値のある存在として認めているという点である。大和の沖縄出撃を「犬死」と評するような批判者にさえ、大和の技術的優秀性は自明のものとして共有されていたことがうかがえる。

そして、『丸』などのメディアを通じて一般読者にも大和のメカニズム賛美論は受容され、共通認識が形成されていった。ジャーナリストで軍事評論家の伊藤正徳は、自身のもとに戦艦大和について読者から質問が多数寄せられるとしてその要約を紹介しているが、質問の前提として「世界最大の戦艦を造ったその造艦の誇りは民族の名を荷うて世界の歴史に永久に刻まれるものだ。〔中略〕七万二千トンの巨艦は再び造ることはなくとも、日本がそれだけの能力を持っていたという歴然たる事実は、民族の再興に一大精神力を注するものである」[31]という認識があると記している。

世界最大の戦艦を造りえたことを誇りとする心情や、日本がそれだけの能力を有していたことは誇るべきものであるとする認識は、これまで見てきた大和賛美論を展開してきた旧軍関係者と共通する認識である。このような共通認識は、論者たる旧軍関係者の言説を読者が受容することによって共有されてきたものであると考えられる。したがって戦艦大和は技術史的意義において世界に誇るべき戦艦であるという自負は、論者である旧軍関係者のみに共有された認識ではなく、読者たる一般大衆にも一定程度共感をもって受容され、共有されていたものであるといえるだろう。

ここまで見てきたように、メカニズムの文脈における戦艦大和は基本的に、当時の科学技術の粋を尽くしたものであり、世界に優越する戦艦を造りえた造艦能力とともに賛美の対象として評価された。また、複数の論者間において意見の相違が見られることもほとんどなく、評価は定まっていたといえる。そしてそのようなメカニズムの文脈における戦艦大和賛美論は、旧軍関係者のみならず、旧日本海軍に対する批判者や読者にも共有された認識であった。したがって、戦艦大和やそれを造り上げた優れた造艦能力は世界に優越するものであったとする戦艦大和をめぐる技術史観は、旧軍関係者の書き手を中心に終戦直後から一九五〇年代にかけて構築され、一九五〇年代後半には既に一定程度共通認識として広まっていたものと推測される。

３　民族の誇りとしての戦艦

民族の誇りの再興としての戦艦三笠復元運動

松本が「日本人は自己の有する技術能力の優秀性を自覚すべきだ」と記したように、大和をはじめとした戦艦についての言説は、しばしば日本人の民族性や民族の誇りといった言葉と結びつけられてきた。その傾向は特に一九五〇年代末期に顕著である。本節では、一九五〇年代後半における言説を中心に戦艦と民族の誇りの結びつきに着目したい。

一九五〇年代後半に、戦艦が「民族の誇り」として語られた代表例が第２章でも登場した戦艦三笠である。前章で確認したように、戦艦三笠は日露戦争勝利の象徴として廃艦後も記念艦として横須賀沖に保存されていた。しかし太平洋戦争終結後は連合国側によって接収され、その後管理を任された民間企業によってダンスホールなどを備えた遊興施設に作り替えられてしまった。

かつての記念艦の荒廃した姿に日本民族精神の荒廃をみた伊藤正徳は、一九五七年八月号の『文藝春秋』誌に「「三笠」の偉大と悲惨――国敗れて記念艦朽つ[32]」を掲載し、三笠の復元を即時実行することが日本民族の義務であると主張した。『丸』においても三笠解説記事が掲載され、戦艦三笠を「日本民族の記念艦」と称し、「忘れ去られようとする民族の誇りといったものを三笠は教えてくれよう[33]」と三笠に民族の誇りを見出している。

社会学者の塚田修一は、第二次世界大戦後の記念艦三笠についての研究において、一九五〇年代後半には「〝先の戦争の傷跡〟が疼く「悪い現在(現実)」ゆえに、「良い過去」として、ノスタルジックに日露戦争が希求されていた[34]」と分析している。すなわち、伊藤のように三笠に民族の誇りを見出す論者にとって、敗戦と占領を経たばかりの日本社会は民族の誇りを失った「悪い現在」であり、日露戦争の勝利という「良い過去」の想起を通じて民族の誇りが回復されねばならなかった。三笠の復元を望む論理において、三笠は日露戦争の記憶と結びついた戦勝の象徴とみなされていた。ゆえに日本民族の黄金時代を想起させるものとして、一九二〇年代の保存運動時と同様に戦後においても三笠と民族の誇りが重ね合わせられていたのである。

造艦技術に見出される「民族の誇り」

しかしながら、戦勝の記憶と結びついている三笠に対して、大和はむしろ太平洋戦争敗戦の象徴ともいえる存在である。敗戦の記憶と分かち難く結びつく大和はいかにして民族の誇りとなりえたのだろうか。

大和に民族の誇りを見出す論理の好例は、第２節でも参照した伊藤正徳に対して戦艦大和に関する質問を送る一般読者の戦艦大和観である。先に見たように大和に関心を持つ一般読者は、世界最大の戦艦である大和を造った造艦技術に民族の誇りを見出していた。つまり、大和の戦績ではなく大和を造り上げた造艦技術に対して彼らは誇りを抱いていたのである。さらに「日本がそれだけの能力を持っていたという歴然たる事実は、民族の再興に一大精神力を注する」として、過去の造艦技術（が達成した偉業）を「良い過去」として民族の再興（＝「悪い現在」の打破）のための拠り所としている。ここでは、戦前の軍事技術開発の歴史は反省・決別すべき過去というよりもむしろ、自民族の誇るべき黄金時代として認識されていることは注目に値するだろう。

さらに一九五九年一二巻一三号の『丸』「日本戦艦の魅力」では、大和をはじめとする国産戦艦について「その一鋲一鈑には、大和民族の血が流れ、世界に誇る日本独特のメカニズムが表象されていた[35]」と評されている。

ここでも戦艦は単なるモノではなく、民族の血が通う存在であり、世界に優越する日本独特のメカニズムの表象としてみなされている。このような戦前の造艦技術に民族の誇りを見出す見方において、戦艦大和は単なる兵器以上の意味を持っていたことが分かる。すなわち、大和は世界に優越する自国の技術力の表象であるがゆえに、三笠のような輝かしい「戦績」がなくとも「民族の誇り」として称揚しえたのである。

ここまで見てきたように、占領が終結し自国の力によって本格的な国家の再建が目指されていく中で、荒廃した民族精神の回復が希求されるようになった。そのような時期において、民族の誇りを呼び起こす過去の黄金時代として戦前の歴史も想起されていくことになる。三笠や大和はそのような戦前の民族の誇りを呼び起こす象徴としてそれぞれ物語られていった。しかし、同じ戦艦でありながら人々が民族の誇りを見出したのはそれぞれ異なる点にあった。日露戦争の戦勝の記憶と結びついているがゆえにその「戦績」に民族の誇りが見出された三笠に対し、敗戦の象徴たる大和はその艦体を造り上げた造艦技術に対して民族の誇りが見出されていった。そのような大和(を造り上げた造艦技術)を民族の誇りとみなす言説には科学技術に民族主義的なイデオロギーを結びつけ、科学技術を自国の文化的アイデンティティの一種とみなす認識が読み取れる。すなわち大和という科学技術の結晶を媒介として、ナショナルな共同体の再生が試みられていたといえるだろう。

4　切り離された「戦績」と「技術」

本章では、戦艦大和言説の分析を通じて、敗戦後の日本社会において戦前の軍事技術開発の歴史がいかに語られ、位置付けられてきたのかを検討してきた。

戦艦大和の建艦という軍事技術開発の歴史は、建艦政策、及び戦略思想の面で批判されつつも、具体的な造艦技術については自国の技術史における偉大な業績として肯定的に評価されていた。さらにその偉大な業績は民族の誇りの基礎を成す文化的アイデンティティとして認識されていくことになる。終戦直後、軍事技術への傾倒を反省し決別を表明した政府の科学技術立国の思想とは裏腹に、大衆メディアの言説空間において、自国の軍事技術開発の歴史とその所産はネーションのアイデンティティの拠り所となりうる存在として肯定的に評価されていたのである。

ただし、メカニズムの文脈で大和を賛美する言説において「戦績」と「技術」が切り離されて評価されていたことは留意が必要である。この「戦績」と「技術」の分離は、大艦巨砲主義批判の文脈における大和評価とメカニズムの文脈における大和評価の不一致に示されている。ここまで見てきた一九五〇年代の戦艦大和に対する評価は、実際の戦闘では「無用の長物」でありながら「世界一のメカニズムを有した戦艦」というものであった。このようなねじれた評価は「技術」とその技術によって生産された成果物の「実績・効用」が切り離されて論じられていることに起因する。

当時から戦艦の評価は「技術」ではなく「戦績」によってなされるべきであるとする意見は存在したが、大半の大和賛美論は「技術」的側面のみを強調した評価となっている。大和のメカニズムを評価する言説の多くがこのように「戦績」と「技術」を切り分けて評価したのは、大和に際立った戦功がないという事実によって、「大和」を造り上げることを可能にした造艦技術への評価が損なわれることを避けたためだと推察される。

しかし、結果として大和に戦績・戦功と呼べる働きが少なかったために「世界に誇る日本独自のメカニズムの表象」として大和を語りえたという可能性についても指摘しておきたい。もしも大和が太平洋戦争においてその性能を十分に裏付けるような戦功を挙げていたならば、その戦績は大和の技術的優越性の根拠として言及されたであろう。しかしながら、そのような戦績・戦功について肯定的に言及することは、一方で敗戦後の日本社会で忌避された軍的なものへの肯定・賛美につながりかねない。目立った戦績がないがゆえに「優れたメカニズムの表象」としてのみ語ることができた大和は、軍事技術の産物でありながら非政治的な次元においてナショナルなものが追求できる領域であった。社会学者の阿部潔は『彷徨えるナショナリズム』において、戦後日本社会において科学技術が一見すると非政治的次元においてナショナルなものを追求できる領域とみなされていたことを指摘していたが[36]、大和をめぐる軍事技術についての言説もまた、「戦績」と「技術」を切り分けるロジックによって非政治的な次元で「技術」を語ることを可能にしていたといえよう。

第4章　旧軍技術から平和技術へ
——高度経済成長期における「大和＝科学技術立国の礎」論の展開

第4章では、前章に引き続き一九六〇年代における戦艦大和をめぐるテクノ・ナショナリズム言説の展開と内在する論理にアプローチしていきたい。

一九六〇年代は、産業分野における国産技術開発が成果を挙げ始めたことを背景に、科学技術・工業技術への関心や期待感が高まりを見せた時期である。戦後日本のテクノ・ナショナリズムに関する先行研究においても、家電広告等において国産技術や工業製品の優秀性と日本的なものの結びつきが顕著に見られるようになった時期として、分析の起点に置かれることも多い。したがって、軍事技術をめぐるテクノ・ナショナリズムを検討する上でも、科学技術に対する社会的関心や言及が増加した一九六〇年代は重要な意味を持つ時期であると考えられる。

本章ではまず、一九六〇年代における『丸』誌上のメカニズムに対する関心の高まりと兵器の趣味的受容を可能にする規範が形成された経緯を明らかにするとともに、そのような興味関心がいかにテクノ・ナショナリズムと結びついたかを考察する。続く第2節では、この時期顕著に見られるようになる、戦前の軍事技術と戦後の技術発展の連続性を強調し、戦前の軍事技術の優秀性・有用性を誇示する言説を分析する。そして第3節では、日本の技術的特性としてしばしば言及される「模倣と独創」の問題について検討し、軍事技術をめぐる言説において技術の日本的性格がいかなるものと語られていたかを考察していきたい。

1　メカニズムへの関心の高まりと兵器の趣味的受容規範の形成

戦記からメカニズムへ

戦艦大和の技術的評価をめぐる言説の具体的な分析に入る前に、まず一九六〇年代の雑誌『丸』の編集方針や読者の特徴について整理する。この作業を通じて、『丸』という媒体が軍事技術をめぐるテクノ・ナショナリズムを構築する言説的空間としていかなる特徴を有していたかを確認したい。

『丸』におけるミリタリー・カルチャーの形成を分析した歴史社会学者の佐藤彰宣は、一九六〇年代の『丸』について「戦闘機や戦艦、戦車などのメカニズム欄(グラフや図解、模型解説など)の充実」[1]という特徴を見出している。確かに、本書で特に問題とする戦艦大和についても創刊以来たびたび特集が組まれているが、同じ「大和特集」でも一九五〇年代では大和への乗艦体験や戦記が内容の中心だったのに対し、一九六〇年代の特集ではメカニズムや造艦技術についての記事が増加している。

メカニズムへの関心の高まりの背景には、一九五〇年代後半より急速に進展した家庭電化によって科学技術が身近なものとなったことや、ソ連によるスプートニク一号の打ち上げに代表される、米ソ宇宙開発競争を契機とした科学ブームが起こったことなどがあると推測される。このような科学技術への関心の高まりを受け、ミリタリー雑誌としての『丸』も一九六〇年代以前の戦記中心の編集方針から徐々にメカニズム解説の比重を高めていった。

誌面構成の変化は、当時の読者にも概ね肯定的に受け止められており、読者たちのメカニズムへの強い関心がうかがえる。例えば、一九六二年四月号の読者投稿欄では以下のような投書が確認できる。

戦記、戦記といってやたらに戦記をよみたがる人がいるようですが、わたくしはむしろ――もちろん戦争の実態を知りたいというなら、戦記もいいのですが――設計などといった技術的なはなしの方がおもしろいし、勉強にもなるのではないかと思い、わたくしはその方をもっとよみたいとおもっています。(2)

ここでは、明らかに戦記よりもメカニズムについての強い関心が示されている。この投書に限らず、この頃の読者投稿欄においては、メカニズム関連記事の増加を歓迎し、肯定的に受け止めている投書が数多く寄せられていた。(3) 工業高校の造船科に通うという読者は、「船に関する記事はたいへん興味を持っていわます。そのようなわけでこれからの丸にはむかしの造船技術とか、その他船に関することを多く丸に載せてくださるように希望します」[4]というリクエストを編集部へ寄せている。編集部もこれらの読者の声を積極的に取り入れていたものと推測され、戦前戦中の旧日本軍開発の艦艇や戦闘機などのメカニズムはもちろん、世界各国の兵器紹介や戦後の技術開発についての時事情報に至るまで、多くのメカニズムに関する記事を掲載するようになる。

このようなメカニズムへの関心の高まりとそれに伴うメカニズム重視の誌面構成の変化は、一九五〇年代に語られるようになった戦艦大和をはじめとした軍事技術をめぐるテクノ・ナショナリズム言説をより強化しつつ、継承する土台を用意したと考えられる。なぜならば、敗戦から二〇年余が経過し、戦時中の記憶が徐々に後景化しつつある中で、メカニズムへの関心の高まりは、一九六〇年代以前に証言されていたような戦前戦中の軍事技術について語る機会と場を引き続き提供したと考えられるためである。

実際、『丸』においても軍事技術関連の記事は一九五〇年代から一九六〇年代にかけて減少するどころか増加の一途を辿っており、軍事技術をめぐるテクノ・ナショナリズム言説もそのような記事の中で繰り返し(再)生産された。日本航空ジャーナリズムの第一人者的存在であり当時『丸』の編集にも携わっていた野沢正は、戦後のミリタリー雑誌の特徴を「いうまでもなく、日本がつくった世界一流の科学技術の結晶を、再認識していること」[5]にあるとしている。すなわち、軍事雑誌を読むことは、日本のテクノロジカルな能力の優秀性を再確認する作業であると考えられていた。

さらに野沢は「世界一の大和、零戦」のメカニズムを楽しむことについて、「日本人の能力を実現するための夢であり、あこがれであるものを、過去の歴史的事実のうちで最高級のものにてらしてみるのは当然であろう」[6]として、かつての軍事技術を参照することの意義を主張した。野沢の主張からは、当時の編集部が軍事をめぐるメカニズムを重点的に紹介することに、自国や自国民の優秀性の再確認というナショナリズム的な動機も含んでいたことが読み取れる。ゆえに、そのような編集方針のもとで発行されていた一九六〇年代の『丸』は、それ以前に主張されていた軍事技術をめぐるテクノ・ナショナリズム言説を、メカニズムへの関心の高まりやメカニズム関連記事数の増加を背景に、より強化しつつ継承していたと考えられる。

実際に、当時の『丸』の読者たちはメカニズム解説記事を通じて、自国の科学技術、工業技術に日本人としての誇りを見出していたようである。読者の一三歳の少年は、本誌を読んだ感想として「日本人のすぐれた技術は世界のどこよりも劣らないものだという事がわかり日本人としても自信を持つべきだと思います」[7]と述べており、自国の科学技術に対してナショナルなプライドを抱いていることがうかがえる。また、先の少年のような戦後世代のみならず戦前戦中を体験した世代からも同様の声が寄せられていることが確認できる。三八歳男性からの投書では「私たちにはまだまだ戦争中の日本独得(ママ)の新兵装が数多く有ると思われます。戦争に負けたとはいえ、日本民族としてこのようなものがあるということで、いっそうの誇りを持っています」[8]と述べられている。このような読者の反応からも、野沢をはじめとした編集部が意図したような、軍事技術を通じた自国の優秀性の再確認とナショナルな意識の喚起が実際になされていたことが推察される。

戦争嫌いの兵器好き

このように、メカニズムへの関心からの兵器ファンが増えるにつれて、兵器を一種の造形物と捉え、造形美的な観点から兵器を愛好するような見方が目立つようになった。[9] これは、艦艇や戦闘機を語る語彙に「艦型美」や「造形美」といった言葉がしばしば登場するようになったことに示される。例えば、一九六五年四月号の「編集後記」では、日本の戦艦について「日本独特の艦型美は、永久にわが国民の誇りである」[10]と評価している記述が見受けられる。戦艦の機能的な優秀性や戦場での功績といった要素ではなく、美的要素にナショナルな誇りを抱くというこの言説は、兵器を軍事的、技術的評価軸とは異なる、いわば美学的評価軸によって批評、消費する視点の存在を示している。このような美学的観点からの兵器受容は編集者に限ったことではなく、本誌に登場する複数の書き手からも同様の趣向がうかがえる。例えば、漫画家のおおば比呂司と柳原良平の対談では、それぞれを「船キチ」「飛行機キチ」と自称しながら艦艇や航空機の造形美への関心が前面に語られている。[11] また、漫画家の石ノ森章太郎は、当時議論を呼んでいた第三次防衛力整備計画についてコメントを求められ、兵器開発を金の無駄としつつ、「どうせ金をつかうなら、昔の兵器のコレクションでもした方が、よっぽどいいように思えるんですがねえ。兵器のもつ冷たい美しさ、精巧なメカニズムは魅力ですよ」[12]とメカニズムやその構造物としての兵器自体への美学的な偏愛を吐露している。

しかし、これらのメカニズムや造形美的観点から兵器に関心を持つ人々からは、兵器を愛好することにある種のやましさがしばしば表明されていた。

「大和」は日本民族の頭脳と情熱の結晶であり、「零戦」は日本人の美と勇気をシンボライズするもののように思われ、この二つをこよなく愛しています。もちろん戦争は罪悪であり、兵器は悪魔の道具であることはよく知っておりますが……[13]。

この投書の主は、大和や零戦を日本民族の美点の象徴として愛好していることを表明しているが、その一方で戦争に用いられる「悪魔の道具」である兵器を愛好することに躊躇を見せている。この投書に限らず、『丸』の投書欄において兵器好きを自称する際、枕詞に「戦争は嫌いだが……」と、戦争自体を否定する言葉が添えられているのがしばしば確認できる。「ぼくは戦争はきらいです。しかし戦争に使用された船や飛行機などの性能などは見のがせません」[14]、「私は戦争は大キライですが、それに使われた軍艦・飛行機・戦車等を見るのが大好きです」[15]といった具合に、兵器やメカニズムへの興味関心と戦争自体への悪感情の表明がセットになっている。このような兵器ファンたちの語り口からは、戦争の道具であり、人の死と不可分に結びつく技術を愛好することへのジレンマが垣間見える。

このような兵器ファンの抱くジレンマは、結果として軍事技術や兵器について語る際に、その本来の目的を透明化するような論理を生み出した。この論理を最も端的に示しているのが、とある編集者の「〝戦争〟をぬきにした兵器ファン」[16]という自称であろう。兵器が戦場における破壊や殺傷を究極の目的に作り出される以上、戦争を抜きにするということは兵器の存在意義そのものの否定につながりうる論理である。しかしこの論理は、兵器という存在の大前提にあるはずの「戦争」という目的やそこに結びつく暴力性を「抜きにして」透明化することで、兵器ファンたちの主たる関心であるメカニズムや造形美だけにフォーカスすることを可能とする。

もう戦争はいやだ！　これは世界万民の願いであろう。しかし戦争という言葉を除外して、この巨艦の建造技術のすばらしさは、もろ手をあげて絶賛したい[17]。

これはまさに「戦争を抜きにした兵器」論の典型である。兵器ファンたちの多くは軍国主義の復活を願っているわけでも好戦感情のことさらに強い人々であるわけでもない。しかし、兵器が戦争と不可分な関係にある以上、戦争を嫌悪しながら兵器を愛好するためには両者を切り離す必要があった。ゆえに「戦争」という言葉を除外することではじめて「技術」のすばらしさを絶賛することが可能となるわけである。すなわち、兵器ファンたちは軍事技術における軍事（＝目的）と技術（＝方法）を切り分けて考えるという論理を用いることで、戦争を否定しながら兵器を愛好するという趣向に内在するジレンマを解消しようとしたと推測される。

軍事を透明化するロジックと科学中立論

ここまで見てきたような、軍事技術における軍事（＝目的）と技術（＝方法）を切り分けて、前者を透明化し後者のみに注目するような論理は、一九五〇年代の戦艦大和論にも見られるものであった。一九五〇年代の『丸』では、戦艦大和の軍事的、技術的評価がたびたび議論されていたが、主流の論調は「大和の軍事的功績は低いが、技術的には世界一の戦艦である」というものであった。この大和評でも戦績という軍事面と技術面の切り分けがなされており、「戦争を抜きにした兵器」と類似のロジックが用いられているように見える。ただし、一九五〇年代の戦艦大和論において軍事と技術が切り分けられたのは、戦艦大和に際立った戦功がないという事実によって、戦艦大和を造り上げることを可能にした造艦技術への評価が損なわれるのを避けることが主な理由であると考えられ、一九六〇年代の戦争否定と兵器愛好のジレンマとは文脈が異なることには留意が必要であろう。

しかしながら、大和の軍事的功績に目立ったものがなかったからこそ、大和への賛美が軍的なものへの肯定・賛美に結びつくことなく、敗戦後の日本においても大和を「世界一の科学技術の結晶」としてのみ賛美することが可能であったことは共通している。いずれにせよ、戦後日本社会において軍事技術の優秀性を賛美し、ナショナルなものを見出すには軍事技術における「軍事」という技術の目的が透明化される必要があったと考えられるだろう。

この時期の『丸』において、これらの軍事技術における目的と方法の切り分けという論理を下支えした考え方として、科学技術それ自体には善悪やイデオロギー的傾向はなく、価値中立的なものであるとする「科学中立論」的な考え方の存在が指摘できる。軍事技術の目的と方法を切り分けることで技術を賛美することが正当とみなされるには、そもそも科学技術自体が善なるもの、もしくは価値中立であることが前提になければならない。なぜなら仮に科学技術やその追求自体が悪であるとする場合、戦争を抜きにしたとしてもそれを賛美し愛好することは肯定されえないと考えられるためである。そこで用いられたのが科学中立論である。科学中立論は、科学やテクノロジーを没価値的・中立的なものとみなし、もしも善悪があるとするならば使用する人間の問題であるとする認識を指す[18]。

『丸』におけるメカニズム論の代表的論者の一人であった堀元美は、「技術の進歩はひじょうにはやく、しかも、技術自身には、政治的傾向も、イデオロギーもありはしない[19]」と、科学中立論的な規範を前提として、軍事技術を含めた科学技術開発を肯定的に論じている。堀ほどはっきりと言明しないにしろ、この時期の論者の多くが科学技術を価値中立のものとして、いかなる分野であれ科学技術が高水準にあることは良いことであるという前提を共有していた。あくまで科学技術それ自体に善悪はなく、あるとすれば、使用者たる人間の問題であるとする中立論の立場をとることで、軍事技術のメカニズムやその所産である兵器への関心を正当化することができたといえる。

しかし、一九六〇年代後半に差し掛かると科学技術を取り巻く社会状況の変化から、このような科学技術への手放しの礼賛とは異なる見解が示されるようになる。一九五〇年代後半から一九六〇年代半ばにかけては、家庭電化や宇宙開発など、生活の利便性や人類の発展をもたらすものとして科学技術の正の側面ばかりが強調されてきた。それが一九六〇年代後半になると、ベトナム戦争や近隣諸国の核開発競争、公害問題の表面化などの社会状況の変化により、科学技術の負の側面が次第に着目されるようになる。科学技術に対する社会の見方の変化は、兵器ファンを自称する『丸』読者たちの考え方にも影響を与えた。例えば、一八歳の少年読者は「人類は常に核兵器の恐るべき破壊力におびえている。科学の一歩前進は、人類滅亡を予告するようにも思える[20]」として、科学技術の前進を人類の破滅を呼び込むものと捉えている。

また、別の読者は世界の軍需企業を紹介する記事に対し、「〝世界を動かすマンモス兵器廠〟で、私はただただ恐怖の感じを覚えました。一方では平和をとなえていても、一歩その裏に足を踏み込んでみると、世界破滅の危機さえ、思われます。核の平和利用を、もっと捉(ママ)進してほしい[21]」といった感想を寄せ、兵器開発について率直な恐怖を表明している。しかし一方で核の平和利用を推進するなど、あくまで技術の使い方の問題であるという科学中立論的な見解も同時に示している。

ここまでの議論をまとめると以下のことが指摘できる。メカニズムへの関心の高まりと兵器を美学的に愛好・消費するファンの増加によって、一九五〇年代から引き続いて軍事技術にナショナルなものを結びつける言説は風化することなく継承された。『丸』における主要な関心が戦記からメカニズムに移り、むしろメカニズム賛美の言説が増加し広範に流通したことで、より強化されたとさえいえる。

しかしそのような軍事技術のメカニズムや兵器の造形への関心は、戦後日本社会の基本理念の一つである反戦平和主義と衝突しうるものであった。ゆえに、戦争否定と軍事技術への関心を両立させるために「戦争抜きの兵器ファン」という、軍事技術における目的と方法を切り分けるロジックが登場した。さらに、このロジックの土台として科学技術を価値中立のものとみなす科学中立論的な規範が共有されることにより、「戦争を抜きにした」という条件付きではあるものの、軍事技術自体が正当化されていくことになる。

それは言い換えれば、軍事技術の「軍事」という目的が透明化されることにより、軍事技術も価値中立的な科学技術の一つの成果として、民生技術同様にその優秀性を誇り、ナショナルなものを見出すことが肯定されるようになったといえるだろう。したがって、一九六〇年代の『丸』は、上述のような軍事技術における目的と方法の切り分けや科学中立論といったロジックを規範として共有することで、軍事技術にナショナルなものを見出すことを可能とする言説空間として機能しえたと考えられる。

2 戦前の軍事技術と戦後の平和技術の連続性への意識

日本海軍から海上自衛隊へ——軍事技術の継承

ここからは、一九六〇年代の『丸』における戦艦大和をはじめとした軍事技術をめぐるテクノ・ナショナリズム言説の特徴を分析していく。一九五〇年代において戦前戦中の軍事技術が戦後日本のナショナリズムの拠り所となりえたのは、敗戦・占領というナショナル・アイデンティティが毀損された状態を回復するために、自国の黄金時代が見出されたためであった。しかし、一九六〇年代には高度経済成長期を迎え、国内の工業や科学技術分野も復興を遂げつつあった。そのような変化の中で戦前の軍事技術はいかに物語られたのであろうか。本節ではこの点を検討したい。

この時期『丸』において、戦前の軍事技術解説記事の執筆を担ったのは、一九五〇年代同様、旧軍技術者たちであった。彼らは戦前戦中の自身の経験や培った知識を、戦後執筆活動を通じて記録、啓蒙する役割を担った。彼らはなぜ、戦前の軍事技術開発の歴史を後世に残し、伝えようとしたのだろうか。旧日本海軍技術大佐で戦艦大和の設計にも携わった牧野茂は以下のような言葉を残している。

このとき、われわれが切実に考えたことは、われわれの代において、先輩各位の苦心と国民の血税の結晶である造艦技術を、永久に抹殺して相すむであろうか、ということであった。そして、造艦技術にあらわれたわが民族の高い文化資産を宣揚して、後進に希望と奮起をうながすとともに、高い水準にある造艦技術を礎石として、より高い技術を平和産業にうち立てるために、貴重な資料や経験を残すことは、せめてものわれわれの罪ほろぼしである。いや、それは義務ではなかろうか。[22]

この記述から、牧野が旧日本海軍の技術を文化資産であり、戦後の平和産業の礎となりうるものと捉えていることが分かる。旧日本海軍技術少佐で『丸』の代表的論者の一人であった福井静夫も、「いま、わが国の誇る多くの部門の工業技術と生産力、それは戦時の軍需工業のおかげであるといえるのではないか」[23]と、戦前の軍事技術の遺産が戦後の産業の発展、国力の回復の礎となったという考えを示している。つまり旧軍技術者たちは、自身も開発に携わった軍事技術が戦後において様々な技術分野の礎となったと考えており、戦前戦後の技術史的連続性を主張していたのである。

このような戦前の軍事技術を戦後社会の礎とみなす考え方は、一九五〇年代の『丸』でも見られるものであったが、未だ国産技術開発のめぼしい成果がほとんど現れていなかったこともあり、希望や展望を示すに留まっていた。しかし一九六〇年代には様々な分野で国産技術の優秀性を誇示できるような成果物が出現しつつあったため、戦前の軍事技術の遺産が礎として価値を発揮する事態が実現したと主張する言説が急増した。この点に一九六〇年代の特徴があると考えられる。では、戦前の軍事技術の遺産は一九六〇年代の科学技術にいかなる形で継承されたと考えられたのだろうか。

旧日本海軍の直接的な技術的後継者としてまず名指しされたのが、海上自衛隊である。海上自衛隊は、一九五二年に設置された海上警備隊（同年八月には海上警備隊と航路啓開本部が統合し保安庁傘下の警備隊となる）を前身に、一九五四年の自衛隊法と防衛庁設置法によって発足した。占領中はGHQにより軍事部門の技術開発が制限されていたこともあり、海上警備隊時代から自衛隊発足当初は主に米軍から艦艇兵器等の貸与を受けていた。しかし、一九五六年に戦後初の国産護衛艦「はるかぜ」型護衛艦および護衛艦「あけぼの」が就役したことを皮切りに、艦艇の国産化が推進されていくことになる。一九六〇年代には第二次、第三次防衛力整備計画が立案されたことで、艦艇の新造が相次いで進められていった。

現代の軍事事情への関心が高まっていた『丸』においても、海上自衛隊の建艦情報は注目され、解説記事等が掲載されていた。そのような記事の中で、まず海上自衛隊による旧日本海軍の遺産継承とされたのが、米軍による新式兵器供与に関する海上自衛隊側の受け入れ態勢についてである。例えば一九六二年の記事では、米軍の兵器貸与について「わが国の技術が、これらの新式兵器の受け入れに十分の実力をもっていることによって、はじめてそれが使いこなせていることも見のがしてはならない。ここにもわが国の大きな工業力の背景が感じられる。わが国にこの技術がなければ、米国もこのような新兵器を、こんな早い時機（ママ）に提供してくれなかったであろう」[24]としつつ、米軍の新式兵器を受け入れる態勢の基盤となった工業力や技術力に「伝統の七光り」が感じられると結んでいる。国産艦艇の建造が本格化する以前、米軍からの兵器貸与に頼っていた時期においては、自国産の技術的成果物の優秀性を誇示できない代わりに、最先端のテクノロジーを受け入れるだけのテクノロジカルな能力があったという点に自国・自軍の優秀性が見出されていた。さらにそれが戦前の軍事技術の伝統によって築き上げられたものと認識されていたことが分かる。

一九五〇年代後半以降、海上自衛隊艦艇の国産化が進み純国産の護衛艦や潜水艦が続々と就役するようになると、国産技術によって優れた艦艇を作り出せるということに価値が見出されるようになる。そして、そのような戦後の海上自衛隊艦艇の優秀性の土台となったのは他ならぬ戦前より培われた軍事技術であると主張された。福井は、「私説・日本自衛艦隊艦艇論」において「多年培われたわが造艦技術、ことに設計技術は決して終戦をもって死んだのではない」[25]として、旧軍技術者たちが戦後の海上自衛隊艦艇設計に尽力したことを伝えている。一九六〇年に就役した戦後初の国産潜水艦「おやしお(初代)」についても、海軍時代の潜水艦造りの権威が集まって設計審議会を設け助言を行ったこと、戦前の老練者と戦後の新進の技術者が結集したことで予期以上の新鋭潜水艦を造り上げることができたことが解説されている[26]。いずれも、戦前の軍事技術開発に従事した旧軍技術者たちの経験と知識が戦後の海上自衛隊に引き継がれたとみなされていることが分かる。

さらに人的資産のみならず、「わが海上自衛隊がこのように新鋭艦を多く持つことができるようになった重要な原因の一つが、世界一の建造能力をもつ、わが国の造船工業に負うものであることはいうまでもない。かつて世界一の大戦艦をつくった三菱長崎造船所は、いまは名実ともに世界一の大造船所として活躍している。また、これらの大戦艦のためにつくられた横須賀、呉、佐世保の超大型ドックもそのまま残されている」[27]として造船所や工作機械などの物理的な遺産の継承についても言及されている。一九六五年の『丸』では、

巨艦大和逝って二十年――新しき日本の海の護り・海上自衛隊も、科学技術の驚異の発達と伝統の造艦技術とによって、誕生とうじの〝寄せ集め艦隊〟からしだいに脱皮しつつある。[28]

と、海上自衛隊の発展は戦後の科学技術の発達と旧日本海軍の伝統との融合の結果として評価された。

戦後軍隊を放棄した日本において、表向きには「旧軍と自衛隊は連続した存在である」と明言されることはほとんどないが、少なくとも『丸』に寄稿していた旧軍技術者たちの多くは、海上自衛隊を自分たちの後輩と考え、そこに連続性を見出していたことが分かる。自衛隊が憲法解釈上軍隊と明言されていないとはいえ、艦艇や兵器などそこで用いられている技術が他ならぬ軍事技術である以上、旧軍の培った軍事技術の継承者として自衛隊が位置付けられることは何ら不自然ではないだろう。

むしろ旧軍技術者たちは、軍事技術について戦前と戦後でその意味合いを区別すること自体に違和感すら覚えていたことがうかがえる。例えば、福井は海上自衛隊艦艇の設計建造において「魚雷」や「艦」といった旧軍時代の言葉の使用すら許されなかったことを述懐しつつ、「言葉さえうまく変えれば、それで諒解されるという事情は、私たち技術者には、はなはだ理解がゆかない。「黒」はあくまで「黒」であり、「白」はあくまで「白」である。法律家は、「実質」よりも「表現」を重視するのであろうか」[29]と疑問を呈している。福井たち技術者にとっては出来上がった船を「戦艦」と呼ぼうが

呼ぶまいが、その実質には何ら変わりはなく、戦前の「戦艦」も戦後の「護衛艦」も連続した位置付けにあるものと認識されていたのである。
以上のように、戦前の軍事技術は人的・物理的遺産として、戦後自らの後輩である自衛隊に継承されたと考えられていた。このような認識からは、自国のかつての輝かしい歴史と栄光を現在の自国の優秀性の根拠とする歴史主義的なナショナリズムのあり様がうかがえる。この点は、民生技術におけるテクノ・ナショナリズム言説にはあまり確認できない。日本の技術史を戦前戦後で連続して捉える、軍事技術をめぐるテクノ・ナショナリズム言説の特徴といえるだろう。

戦艦大和と巨大タンカー――軍事／民生の連続性

さらに戦前の軍事技術は、自衛隊以外の領域にもその遺産が継承されたと主張されている。

海軍が育成した技術が、今日の日本の工業界に貢献していることは、だれでも知るところだが、戦後の日本の造船力が、世界第一位をしめ、光学や測器兵器の関係者が、写真、顕微鏡、時計などの方面にもたくさんの技術者が活躍している。[30]

このように、造船、光学、時計などの多方面において、戦前の海軍によって育成された技術が貢献していると語られている。重要なのは、ここで名指しされている分野がいずれも民生技術であるという点である。本書は、実際に戦前の軍事技術がどこまで戦後の民生技術に影響を与えたかについては立ち入るものではない。しかし、実際にどこまで技術的な連続性があったかは別として、少なくとも旧軍関係者の側からは、軍事技術と民生技術に連続性が見出されていたことは指摘できる。

この時期、旧軍の技術開発との連続性が頻繁に主張された分野の一つに造船業、特に巨大タンカーの建造がある。戦後日本の造船業は、高度経済成長期には「造船業は日本の御家芸」と言われるほど、当時の日本の工業をリードする分野であった。また、船型の巨大化が進められていた一九六〇年代においては、特に巨大タンカーの建造が日本の造船能力を示す一つの象徴的存在とみなされていた。一九六二年に載貨重量約一三万トンの原油タンカー「日章丸(三代目)」、一九六六年に一五万トン級の原油タンカー「東京丸」、さらに同年一二月には史上初の載貨重量二〇万トン級の原油タンカー「出光丸(初代)」と、次々と国産の巨大タンカーが建造されている。このような戦後日本造船業の目覚ましい発展について、『丸』の執筆陣たちは「大和などの建造が日本の船造技術にのこした遺産は、はなはだ大きいものであると信じている」[31]と、戦艦大和・武蔵に象徴される旧日本海軍の経験と造艦技術が生かされていると主張している。

彼らは、戦艦大和の建造によって培われた技術や経験、旧日本海軍によって整備された巨大造船ドックなどの環境を、巨大タンカーの成功における戦艦大和の貢献の根拠として示した。例えば元海軍中将の福留繁は、戦後日本造船業界が大和・武蔵に代表される大艦主義を旧日本海軍が採用した流れを汲んだことで、今日の技術や船型の大きさにおいて世界第一位を占めているとして、旧軍と造船業界の結びつきを評価している。[32] 技術者であった福井は「この二大艦、およびそれにつづく巨大な戦艦の設計、建造にそそいだ技術、その工事のための設備など、今にいたってわが国造船技術に直接、間接に影響していることは絶大なものがある」[33]として、より具体的な軍事技術の民間造船技術への直接・間接の影響の存在を主張した。

そして、軍事技術の伝統と遺産を引き継いだ巨大タンカーは、当時世界一の巨艦であった戦艦大和・武蔵同様に、日本人のテクノロジカルな優秀性を示すテクノ・ナショナリズムの拠り所としてみなされるようになる。巨大タンカーをめぐって編集部の一人は、「マンモス化されて行く造船技術の発達も、旧海軍造艦技術者たちに負うところ大といえよう。かつての大和・武蔵も当時世界一であった。――どうも日本人というヤツは、世界一という言葉にヨワイらしい――[34]」と述べている。造船技術における戦前戦後、そして軍民の連続性を見ていることは先の旧軍関係者と同様であるが、それに加えて巨大タンカーを戦艦大和同様に「世界一」という日本人のナショナルな自負を満たす存在として同一視していることが分かる。また、別の編集者も「大和、武蔵、信濃、三隻分の排水量をもつ出光丸が完成した。世界で日本人だけが成し得る偉業である」[35]と、出光丸の存在に日本人というナショナル・アイデンティティを結びつけている。戦艦大和と巨大タンカーという異なる時代の「世界一の巨艦」を通じて、自国・自民族のテクノロジカルな優秀性が繰り返し確認されていたのである。

このように、戦前の軍事技術が戦後日本発展の礎となったとする言説においては、軍事技術分野内での通時的な連続性のみならず、軍民間の連続性も自明視されていたことが分かる。自衛隊のみならず、より広い分野に影響を及ぼしたとみなされることで、戦艦大和に象徴される戦前の軍事技術は、民生技術中心の技術開発に注力した戦後日本社会においてもテクノ・ナショナリズムの歴史的基盤として参照され続けたと考えられる。

ノスタルジックなテクノ・ナショナリズムへの批判

ただし、同時に旧軍技術者たちは、単に過去の黄金時代を礼賛し、現在に目を向けない回顧的なテクノ・ナショナリズムを批判してもいた。例えば、堀は大和・武蔵を礼賛することを以下のように批判している。

　二十余年もまえの大和、武蔵を礼賛して、過去の日本の夢にふけることに対して、私は、深い懐疑をもつのである。(36)

　堀は、過去の技術をひたすら礼賛することについて懐疑を表明している。また、戦前の軍事技術の優秀性は民族の誇りであるという主張を繰り返していた福井ですらも、大和・武蔵に悪戯な礼賛が注がれていることには批判的であった。(37)なぜ彼らはこのような批判的態度を示したのだろうか。

　大和・武蔵を愛好し賛美する人の多くは、ただノスタルジーに耽っているだけで、現在の技術の進歩に無関心であることが指摘されている。福井は「私の知る限りにおいて「大和、武蔵」派の人びとは「よくもこんなに呑気でいられるものだ！」と感心するほど、現在の技術にかんして無智であり、国防力整備に不熱心であり、わが科学、技術の進歩を計り(ママ)、推進させる努力に無縁(38)」であると痛烈に批判している。技術者である福井や堀らにとって、より重要なのは現在あるいは将来的な技術の進歩であって、過去の優れた技術をただ賛美し、消費することは意味のないことであった。

つまり、彼らにとって過去の優れた技術を誇り、参照することとは、あくまでそれを現在・未来に活かすためであったのである。堀は、自身が『丸』において過去の技術の解説記事を執筆する理由を以下のように語っている。

私は、むかし話をするときには、かならず今日よりのちの前進のための糧として、むかしのことを引き合いに出すのであって、老人めいた『過去の栄光の回想』などに没頭して、貴重な紙面と時間を費やすつもりはすこしもない。[39]

過去の技術を語るのはあくまで技術の進歩、発展のためであるとする堀は、別記事においても技術革新が日進月歩であることに触れ「艦艇への関心も、前向きの眼を忘れぬことが大切であろう[40]」と常に未来を志向することの重要性を説いている。ここで示されているのは、科学技術にとって最も重要なのは進歩であり、過去を参照することもあくまで将来への進歩に活用するためでなくてはならないという規範である。科学技術が常に進歩を志向する営みである以上、技術者である堀や福井がこのような規範を共有するのは当然であろう。ゆえに、彼らは過去の栄光の回想に終始するようなノスタルジックなテクノ・ナショナリズムには批判的であったと考えられる。

3　技術の日本的性格――模倣から独創へ

兵器国産化への拘泥

日本の科学技術をめぐるアイデンティティを検討する上で、模倣と独創の問題は重要である。社会学者の小暮修三は、明治期より一九八〇年代頃まで日本は西洋からのテクノ・オリエンタリズムの眼差しの中で「西洋の模倣者」として表象され続けてきたことを指摘している[41]。さらに、「西洋の不完全な模倣者であり独創性を欠いた存在」という日本の表象は、当の日本自身にも内面化されていったとする。つまり、日本の技術開発は西洋の模倣であり、独創性にとぼしいという認識は、技術的主体としての日本のアイデンティティにも長年影響を及ぼしていたと考えられる。では、軍事技術をめぐる言説において、この模倣と独創の問題はいかに語られたのだろうか。

軍事技術をめぐる模倣と独創の問題は、まず自衛隊装備の国産化の問題として語られた。海上自衛隊は、警察予備隊として組織されて以来、自衛隊に改組されてからもしばらくは多くの装備をアメリカからの貸与に頼っていた。このような状況は『丸』においても改善されねばならない状況として受け止められていたことが確認できる。元海軍中佐で軍事評論家の関野英夫は、祖国防衛のためには、もう借り物ではない国産品が必要であるとし、兵器の国産化を訴えている[42]。

本書で中心的に取り上げている艦艇については、艦艇本体は国産であるにもかかわらず、兵装が外国製であるという点が主に批判の対象となっていた。既に見た通り、一九五〇年代半ば以降、艦艇そのものについては国内での建造が再開されていた。しかしながら、その艦艇に搭載される兵装については、ほとんどが外国製に頼っているのが現状であった。一九六六年の編集後記では、海上自衛隊の新式護衛艦として建造が進められていた「たかつき」について以下のように語られている。

どうもなんだかフにおちない点がある。それは、「たかつき」に装備されたほとんどの兵器が外国製だという点である。国力の差はあろうが、若い私には、伝統ある日本の技術が衰えたとは思えないのだが。[43]

この若き編集者は、自国の護衛艦に搭載されている兵器が外国製であることに不満を抱くとともに、外国製兵器に頼ることは自国の技術力に対する評価を毀損するものと捉えていることが読み取れる。

第二次、第三次防衛力整備計画の相次ぐ実施により、一九六〇年代半ば以降、自衛隊装備の国産化が推進され、上記で批判されていたような「借り物の軍隊」状態を脱却し「自前の軍隊」となることが目指された。しかし、兵器の国産化と言っても、その実態は主としてアメリカからライセンスを譲り受け製造のみ日本で行うという形式がとられたものも多く、日本独自の開発設計ではないケースがしばしば見受けられた。この防衛力整備計画の方針について、『丸』においても「三次防以後の兵器を、できるだけ国産にうつすという方針も、すでに保有する兵器のライセンス生産にすぎず、新しい用兵目的にもとづく新しいジャンルの兵器を開発するという意味ではない[44]」、「自主防衛などという提唱も、外国から教わったものを「自力で国産する」などというゴマかしでは、話しにはならない[45]」と痛烈な批判がなされ、日本独自の技術開発を行うべきであると主張された。

これらの兵器のライセンス生産への批判は、いくつかの観点からなされていた。一つは、兵器や装備は国情に基づいたものであるべきという観点である。「にっぽん艦隊よ〝土民軍〟となるなかれ」という記事では、兵器の独自開発の重要性が以下のように説明される。

日本には、日本の国情にもとづいた独自の防衛戦略が、とうぜんなければならない。〔中略〕現在の状態は、兵器も戦術もアメリカ製であり、独自のタイプを必要とする戦略的体型（ママ）の考察についてまで、漠然とアメリカ式を採用しているようなかたちで、そこには戦略的な兵力の運用にまったくパーソナリティがない。[46]

このように、国ごとに条件や置かれた状況が異なる以上、軍備も国情に合わせてパーソナライズされなければならないという考えは他にも示されている。例えば、現在でも銃火器を中心とした自衛隊装備を製造する豊和工業の野崎東太郎会長（当時）は、自衛隊がアメリカから援助された重い火器で武装している現状を見て、「国を守るのに外国製の兵器を使うのは良くない」と考えており、自衛隊が新しい制式銃を必要としていることを知って、新小銃の開発に乗り出したとされる。[47]すなわち実際の運用的理由から、日本人の体格や国情などの事情に適合した、日本的性格を持つ純国産兵器の開発が求められていたのである。

しかしそのような現実的な理由だけではなく、軍事に関して特定の分野だけでも日本が世界に最も優越する技術を持たなければ、国際社会において一人前とはみなされず、国際的な発言権は得られないという観点からも、兵器の国産化の必要性が説かれていた。[48] この発言の背景には、一九六〇年に岸内閣が集団的自衛権を前提とした新安保条約に調印し、日本は安全保障をめぐってアメリカの軍事戦略により深く組み込まれることとなったことが念頭に置かれていたと推察される。安保条約に基づいた日米の同盟が単に日本がアメリカに従属するのではなく、対等な関係を得るには兵器についてもアメリカに依存することなく自主独立することが希求されたのではないだろうか。

この観点に立てば、仮に日本の国情に沿った外国産の兵器があったとしても、それを採用することは国家の威信を損なうことであり到底認められるものではない。つまり兵器の国産化、独自の技術開発は、国家のプライドやアイデンティティの問題としても捉えられていたといえる。いずれにせよ、軍事技術の分野においても日本の技術開発が借り物、模倣に頼っている現状は批判されるべきものと問題視されていたことは確かであろう。

戦前の造艦技術における模倣と独創の問題

では、戦前の軍事技術について、この模倣と独創の問題はいかに考えられていたのだろうか。『丸』には、旧軍の艦艇技術や航空技術などの各分野における技術史とその総括が、旧軍技術者を中心とした様々な書き手によって記されてきた。ここでは、そのような戦前の軍事技術史の総括から、模倣と独創の問題がいかに考えられていたのかを見ていきたい。

まず、戦艦大和の設計にも携わった技術者である牧野茂は、日本の造艦技術の歴史を「拡大と模倣と無理」が大部分を占めたものと振り返っている。日本は先進国の模倣と改良に終始し、エポックメーキングといえる変革を為し得なかったと反省の弁を述べる。そして模倣と改良に終始した技術開発になった原因を「独創性にとぼしい国民性」にあるとした。[49] このような牧野の評価からは、戦前の軍事技術をめぐる言説においても模倣者としての日本、独創性に欠ける日本人という自己像が内面化されていたことが分かる。

艦艇研究家で船舶雑誌『世界の艦船』の編集長であった石渡幸二も「日本造船技術の歴史をかえりみるとき、それが多く既知の原理の模倣と拡大、ないしは改良に終始していることにわれわれは思いあたる[50]」と、牧野同様日本の造船技術の歴史＝模倣の歴史であるという認識を示しつつ、日本からは新機軸や新発明が生まれていないことを指摘する。さらに石渡は、日本海軍の造船技術の象徴的存在である戦艦大和・武蔵を「模倣と拡大の典型」と称した。戦前の日本が造り上げた世界一の戦艦としてナショナル・アイデンティティの拠り所とされていた大和でさえ、そこに独創はなく単に模倣と拡大の産物であったと評しているわけである。

福井も前二人と同様に日本の軍艦は優秀であったとしつつも、独創性や卓越点についてははなはだ少ないものであったと評している。[51] しかし福井の場合は、日本の造艦技術発達の特徴は「既成概念の拡大、強化および改良」に現れたとして、模倣を主体とした日本の技術開発を必ずしも否定的に評価しているわけではなく、「模倣」を「強化・改良」とポジティブに読み替え、技術的主体としての日本の特質と捉えている点が特徴的である。

いずれにせよ、世界に優越する水準であったと自己評価し、ナショナル・アイデンティティの拠り所とされていた戦前の造艦技術もまた、あくまで模倣の結果でありそこに日本人の独創性は見出されていなかったことが分かる。以上の事実に対する評価は各人によっていささかニュアンスは異なるが、主流の論調ではやはり、軍事技術や造艦技術開発の歴史における模倣性は否定的なニュアンスで理解されるものであった。

例えば、一九六九年の東京大学宇宙航空研究所による国産ロケット打ち上げの失敗について、「技術カンニングの長い伝統」が生んだ当然の結果であると、戦前の軍事技術開発の歴史が引き合いに出されている。[52] この時期の『丸』において、模倣に終始してきた明治以来の日本の技術開発を「技術カンニング」という言葉で批判する表現は、他にもしばしば見受けられる。それは地味な基礎理論や基礎技術を軽視し、表面的な技術の模倣に終始してきたことへの批判であった。戦前の技術開発の中心であった軍事技術開発は、「技術カンニング」の歴史と伝統の象徴でもあるといえる。ゆえに軍事技術開発の歴史は、反省すべき教訓としても理解されたのである。

ビジネス的教訓としての受容

このように戦前の軍事技術開発の歴史を反省的に一種の教訓として読む見方は、特に一九六〇年代後半に顕著であった。

しかし、その外観的な世界一のみにばかり気を取られて、その内側に秘められた本質は、忘れられがちである。大和、武蔵がのこした苦い教訓は、今日の日本社会においても、立派に通用するといえよう。[53]

戦艦大和についても「苦い教訓」が読み込まれており、今日の社会に役立つものであると考えられている。ここでは、これまで注目されてきたであろう「外観的な世界一」ではなく、建艦政策や技術的な失敗も含めた「苦い教訓」の方が重視されている。なぜ、この時期戦前戦中の歴史に何らかの教訓が読み込まれたのだろうか。

考えられる要因の一つとして、一九六〇年代半ばから後半にかけて進行した貿易及び為替の自由化がある。戦後日本政府は、国内産業の保護を目的に、外国為替及び外国貿易管理法を制定し、外国為替の統制や輸入の管理を行っていた。しかし日本が経済的台頭を果たすと、アメリカを中心に日本の政策に批判がなされるようになり、規制緩和による貿易と為替の自由化が進められることとなる。これにより、これまで規制により保護されていた国内産業は各国との技術的、経済的競争に晒されることとなった。

自由化によるアメリカをはじめとした世界各国との技術競争及び経済競争の本格化が、戦前戦中の経験へ関心を向ける契機となった。一九六七年に掲載された「太平洋海戦にみる現代日本人気質」はこのような関心を象徴する記事であろう。

戦後二十年たった今日、アメリカでは真珠湾事件に対する関心がふたたびさかんになりつつある。とくにビジネスマンが真珠湾を熱心に学びつつあるといわれる。自由化と、イノベーション、アイディアの創造と先制、奇襲、産業スパイとスパイ対策、そういったビジネスのナマの現実が二十年前の真珠湾の教訓をよみがえらせつつあるといえる。

リメンバー・パールハーバーのビジネス版である。

戦勝国アメリカにおいてしかり。

いわんや戦敗国の日本においておやである。[54]

アメリカでは、ビジネスにおける国家間競争の激化が真珠湾攻撃への関心を高め、ビジネスマンたちがこぞって学んでいるらしいことを紹介し、敗戦国である日本も太平洋戦争の教訓を今こそ学ぶべきとしている。この記事の筆者が、これまでの『丸』執筆陣の主流であった元軍人や旧軍技術者ではなく、「インダストリアリズム研究所長」という肩書を持つ人物であることも象徴的であろう。太平洋戦争の戦記や軍事技術論が、軍事の専門家ではなく産業界の視点から論じられたことは、この時期、太平洋戦争の経験がいかなる役割を期待されて読まれていたかを暗示するものであるといえる。

太平洋海戦おわって二十数年になる。日本は、自由化という新しい太平洋戦争に突入しようとしている。日本人は、この先どのような方法で自由化のいくさに勝とうとするのか。

太平洋戦争にみられた日本人の「悲しさ」が、ふたたびかんじんのときにあらわれなければ幸いである。リメンバー・ミッドウェー。[55]

本記事からは、自由化に伴う技術開発競争や経済競争を太平洋戦争のアナロジーとして捉え、何らかのビジネス的教訓を得ようとしていることがうかがえる。ビジネスマンたちにとって自由化は、「新しい太平洋戦争」であり勝利しなければならない戦争と捉えられていた。ゆえに、古い戦争である太平洋戦争の経験から学び、そこに何らかのビジネス的な教訓を見出そうとしていたのである。そしてその教訓には、先に見たような模倣と拡大に終始した技術開発の反省も含まれていた。

すなわち、技術開発競争や経済競争が太平洋戦争のアナロジーとして認識されることで、軍事技術をめぐる言説は、単にナショナルな意識を喚起するような過去の黄金時代を示す逸話として受容されるのみならず、新たな国家間の「戦争」に勝利するために参照されるべき教訓として、ビジネス論の文脈にも接続されていったのである。

4　戦後日本への遺産としての戦艦大和

本章では、一九六〇年代における軍事技術をめぐるテクノ・ナショナリズム言説の特質を検討してきた。

一九六〇年代における軍事技術をめぐるテクノ・ナショナリズム言説は、①軍事技術における目的と方法の切り分けと目的（＝軍事）の透明化というロジック、②技術開発における継承性の強調による歴史的記憶の喚起及び時間的連続感の強化、③技術継承における軍民の連続性や軍事技術開発史・戦記のビジネス論的受容といった、軍事分野から民生分野への接続可能性が示されているといった特質を有していた。

ここで特に注目したいのが、戦前戦後の連続性の強調による歴史的記憶の喚起と時間的連続感の強化と、テクノ・ナショナリズム言説における軍事技術と民生技術の接続可能性という二点である。まず、歴史的記憶の喚起と時間的連続感の強化は、先行研究がこれまであまり注目してこなかったテクノ・ナショナリズムにおける歴史的側面の一端を示すものである。

吉野耕作はナショナリズム研究における民族理論を、境界主義などの自他の区別や境界を重視する空間的次元を強調するものと、歴史主義や原初主義などの自民族のルーツや歴史を重視する時間的次元を強調するものとに分類し、この強調の差は文化ナショナリズムにおいて知識人やエリートが民族の独自性を表現する手法の差にも密接に関連していると説明している[56]。戦前の軍事技術を戦後の技術開発に結びつく伝統であると理解し、それを根拠にネーションの一体感、連続感を強調する立場は、まさにナショナリズムの時間的次元を重視する典型であるといえよう。

先行研究では主に、西洋と日本の同一化や西洋からの眼差しの内面化などのような、自他の差異や境界を重視する空間的次元からテクノ・ナショナリズムが説明されてきた。しかし、本章で見たような、過去の技術的成果が現在の技術的成果の優秀性を担保するような語りや、戦前から優秀な科学技術の伝統を有する技術的主体としての日本人像は、戦後日本のテクノ・ナショナリズムにおいて、科学技術を自国の伝統とみなす伝統主義・歴史主義的な側面もまた同時に存在していたことを示すものである。このような時間的次元におけるテクノ・ナショナリズム言説において、戦艦大和は優れた技術的主体としての自民族の黄金時代の記憶を喚起するシンボルであり、かつ、優秀な技術的主体としての日本人というナショナル・アイデンティティにおいて、過去の日本人と現在の日本人を連続したネーションと捉え、一体感を喚起する存在でありえた。

一方、テクノ・ナショナリズムにおける軍事と民生の関係については、少なくとも軍事技術の側からは民生技術との断絶よりもむしろ連続性が意識されていたことが重要である。先行研究では、他の技術分野が等閑視されたために民生技術をめぐるテクノ・ナショナリズム言説もまた単独で成立しているような見取り図が描かれてきた。しかし実際には、本章で確認したように、軍事技術の民間転用の文脈において、軍事方面からの民生テクノ・ナショナリズムへの接続が志向されていた。敗戦後、戦前の軍国主義から戦後民主主義・平和主義へとイデオロギーの転換が生じた戦後日本社会において、これらの戦後的価値観と対立しない形で戦前の軍事技術の意義を物語るためには、軍事技術が平和技術へと転換し、戦後の平和な社会の実現へ貢献したことが強調される必要があった。ゆえに、戦艦大和は戦艦のまま顕彰・賛美されるに留まらず、巨大タンカーやカメラ、新幹線に姿を変えて、その戦後社会への貢献が強調されていったのである。

つまり、軍事技術から平和技術へとその意義がコンバートされることで、軍事技術開発の歴史が自国の科学技術の伝統の中に位置付けられていったわけであるが、戦後における平和技術が主として民生技術である以上、軍事技術から平和技術へのコンバートは、軍事技術と民生技術とがテクノ・ナショナリズムの構築において結びつく回路を開いたといえよう[57]。

第5章　「大和＝科学技術立国の礎」論の退潮
――高度経済成長の終焉と軍事技術への眼差しの変化

第5章では、経済力と工業力を背景に日本が第三の大国として台頭していく一九七〇年代から一九八〇年代にかけての戦艦大和言説・表象の展開とそれに関連する軍事技術をめぐる語りを見ていきたい。

日本は、一九五五年頃から実質経済成長率年平均一〇パーセント前後を記録し続け、一九六八年にはGNP世界第二位に躍り出る。一九七九年にはアメリカの社会学者エズラ・ヴォーゲルによって日本の高度経済成長の要因を分析する *Japan as Number One: Lessons for America* が出版され、ベストセラーになるなど、自他ともに認める経済大国としての地位を確立していた。

しかし、一九七三年に第四次中東戦争の影響によるオイルショック（第一次オイルショック）に見舞われ、一九七四年には戦後初めて実質マイナス成長に転じ、高度経済成長期は終焉を迎えることとなる。高度経済成長期の終結後は一九九一年のバブル崩壊まで安定成長期へと移行する。

またこの時期、第二次産業における主要産業もこれまでの造船・鉄鋼中心の重工業からエレクトロニクスやソフトウェアといったハイテク産業へと転換していった。他方で、一九七〇年には終戦二五年を記念して大阪万国博覧会が開催され、最新科学技術の成果が「人類の進歩と調和」のテーマのもとに展示された。しかし、その裏では急速な工業化や土地開発の結果、公害問題や環境問題が一九六〇年代末頃から一九七〇年代にかけて表面化していた。さらに高度経済成長期における急速な経済成長は、主にアメリカとの貿易摩擦を生じさせ、いわゆる「ジャパン・バッシング」と呼ばれる反日感情が高まっていくのもこの時期である。つまり、一九七〇〜一九八〇年代は、戦後復興から高度経済成長を経て、産業構造の変化や科学技術を取り巻く社会的状況の変化など様々な転換を迎えた時期であるといえる。

したがって本章では、上述の経済状況や国際的な立ち位置、科学技術を取り巻く状況などの大きな変化の中で、戦艦大和をめぐるテクノ・ナショナリズムはどう展開したかを見ていきたい。まず第1節では、一九七〇〜一九八〇年代における戦艦大和をめぐる言説・表象の状況を整理し、この時期の日本社会において大和がいかに語られていたか、また一九七〇年代以前に構築された「大和＝科学技術立国の礎」論などの戦艦大和言説がいかなる展開を見せたかを分析する。そして第2節から第4節にかけては、一九七〇年代半ば以降の『丸』において戦艦大和に関する言説が減少していることに着目し、その要因を分析することを通じて「大和＝科学技術立国の礎」論というテクノ・ナショナリズム言説の成立条件を検討していく。

1　大和をめぐる言説・表象の状況

戦艦大和をめぐる言説・表象は、雑誌を中心に様々なメディアを通じて構築されてきた。一九七〇～一九八〇年代にかけて、メディア空間で構築される大和言説・表象は新たな展開を見せる。本節では、この時期の主な戦艦大和言説・表象の状況について「書籍」「映画(アニメーション含む)」「潜水調査」そして「雑誌」から整理したい。

まず書籍については、この時期にも引き続き関連書籍が複数発表されている。代表的な作品を挙げれば、一九七三年には児島襄『戦艦大和』、一九七五年には吉田満・原勝洋『日米全調査　戦艦大和』、そして一九八一年には御田重宝『戦艦「大和」の建造』がそれぞれ刊行されている。また児童書の分野においても『図解　戦艦大和のすべて』(1973)、『少年少女ドキュメンタリー　ゼロ戦と戦艦大和』(1975)、『画報シリーズ　ゼロ戦と戦艦大和』(1975)、『劇画太平洋戦争　ああ戦艦大和』(1978)、『さいごの連合艦隊　戦艦大和』(1981)などが出版されている。一般書については関係者証言や戦後公開された戦闘詳報に基づくノンフィクション戦記・戦史が中心となっているが、児童書においては戦記に加え、『丸』本誌におけるメカニズム解説記事を子ども向けにより平易にしたようなメカニズム解説にもかなりの紙幅が割かれている。

では、この時期の児童書は戦艦大和のメカニズムをいかに物語っていたのだろうか。まず目に付くのが、いずれの書籍においても大和を「世界最大・最強」という枕詞で賛美している点である。[1] 世界最大はともかく、実際の戦果や艦の最期を鑑みると世界最強という評価には疑問が残るが、複数の書籍で同様の表現が散見されることから、これらの児童書において大和の技術的優秀性は自明のものとされていたことがうかがえる。さらに、これらの書籍の多くは、技術的優秀性の象徴たる大和が戦後に遺したものについても言及している。

『図解　戦艦大和のすべて』の結びの頁では、「現代に生きる〈大和〉」と題して、戦艦大和を背景に、造船王国日本の象徴である巨大タンカーや、大和に搭載された測距儀の技術が活かされたとされるニコンのカメラ、そして「現代の科学技術の結晶」である新幹線のイメージなどがコラージュされている。最奥の大和から手前に飛び出すように巨大タンカーや新幹線が配置されるイメージにおいて、まさに戦艦大和は戦後の科学技術立国を背後から支える基盤として描かれている。

このような、戦艦大和を戦後技術発展の基盤とみなすような技術史観は、他の書籍においても同様に共有されている。『ゼロ戦と戦艦大和』の解説を記した福地重孝は、その解説において「太平洋戦争にあらわれた日本人の民族的エネルギーの偉大さ、その強さは世界をおどろかせました。本書でくわしくのべられている「栄光のゼロ戦」「戦艦大和」のかつやくも、そのひとつです。そのエネルギーは、戦後の日本の復興、とくに造船や機械産業の技術にも、えいきょうしておりましょう[2]」と述べている。「日本人の民族的エネルギー」とは非常に抽象的な表現であるが、後段にてその民族的エネルギーが戦後技術にも影響しているとされることから、福地のいう「日本人の民族的エネルギー」とは科学技術そのものあるいはゼロ戦や大和を実現しえた優秀な技術的主体としての日本人の能力といった意味が込められていると推察される。また、画報シリーズの『ゼロ戦と戦艦大和』の著者富永謙吾も「ゼロ戦や、大和の残したものは、いま、平和日本建設のための科学面に、どしどし生かされていますᅠ(3)」として、大和をはじめとした旧軍の科学技術が戦後に継承されているという見解を示している。

以上のように、一九六〇年代の『丸』にて主張されていた戦艦大和を戦後の技術復興・経済発展の礎とみなす言説が、媒体の枠を超えて児童書においても共有されていることが分かる。すなわち、この時期には既に「大和＝科学技術立国の礎」論が戦艦大和を語る際の一種の定型となっていたといえるだろう。一ノ瀬は、一九七〇年代においても特に少年文化において大和は一定の人気を保っていたとしつつ、この時期、少年たちが「大和こそ世界最強の戦艦」という証拠を雑誌メディアに追い求めたことで「大和最強神話[4]」が再生産・再消費されたと指摘する。[5] このような再生産・再消費のサイクルの中で、これまで『丸』等において繰り返し語られてきた、科学技術の結晶としての大和像や「大和＝科学技術立国の礎」論が大和語りの一種の定型として定着したと考えられる。

一九七〇～一九八〇年代における戦艦大和表象において最も特徴的なのが、この時期大和を主題とした映画やアニメーションといった映像作品が複数発表され、一種の社会現象ともいえるブームを巻き起こした点であろう。戦艦大和はその知名度や雑誌・書籍等での取り扱いと比して、映画やテレビドラマ、アニメといった映像メディアにおいて主役となることは存外少ない。一九五三年に吉田満『戦艦大和の最期』を原作とした映画『戦艦大和』が製作されて以降、大和が主役級に描かれる作品は一九七四～一九七五年放送のテレビアニメ『宇宙戦艦ヤマト』を待たねばならない。[6]

『宇宙戦艦ヤマト』は、テレビアニメ本放送時には他作品と競合したこともあり視聴率が伸び悩んだが、一九七七年に『劇場版　宇宙戦艦ヤマト』が公開された際には、興行収入二一億円、観客動員数二二五万人を記録した。さらに続編にあたる『さらば宇宙戦艦ヤマト　愛の戦士たち』は、興行収入四三億円、観客動員数四〇〇万人の大ヒットとなり、アニメーション映画にもかかわらずこの年の邦画興行収入ランキング第二位となった。一種の社会現象ともなった『宇宙戦艦ヤマト』人気は、後に『銀河鉄道九九九』や『機動戦士ガンダム』などが続く日本におけるアニメ・ブームの先がけとなったが、同時に作中に登場する「ヤマト」のモデルである現実の戦艦大和に対する若年層の関心を高めることにも寄与したとされる[7]。実写映画の分野においても一九八一年に東宝映画による大作戦争映画『連合艦隊』が製作され、実写の戦艦大和も久々に銀幕に登場することとなる。『連合艦隊』は旧日本海軍連合艦隊の開戦から沖縄特攻に至るまでを描いた編年史かつ群像劇であり、大和だけを描いた作品ではないが、撮影に際して二〇分の一スケールの戦艦大和模型が製作されるなど「実写戦艦大和」が作中の見どころの一つとして注目されている。本作も一九八一年度の国内映画配給ランキング一位を獲得し『宇宙戦艦ヤマト』に続く大ヒット大和映画となった。

映像メディアにおいて大和が表象される頻度自体は必ずしも高くはないが、この時期映像化された二作品はいずれも大ヒット作品として多くの観客に受容されており、戦艦大和に対する社会的な関心を喚起する役割は十分に果たしていたといえるだろう。

さらに一九八〇年から戦艦大和の正確な沈没位置を特定し、海底の戦艦大和艦体を発見するための大規模な海底探査が実施されている。一九八〇〜一九八二年までは戦艦大和の戦友・遺族会である戦艦大和会が主導し、NHKや深田サルベージの協賛を得つつ探索を行った。一九八二年の調査で初めて海中カメラが投入され、海底の大和艦影らしきものの撮影に成功するも、その後資金繰りが困難となり、戦友・遺族会主導での潜水調査は打ち切られることとなる。その後、一九八五年に『男たちの大和』の作者である作家の辺見じゅんと、その弟で角川出版社社長の角川春樹らによって海中の大和艦体の発見と遺品蒐集を目指す「海の墓標委員会」が結成される。この年の調査で戦艦大和艦首の菊の御紋が撮影され、実質的な戦艦大和艦体の発見となった[8]。このような大規模かつ多額の費用のかかるプロジェクトが複数年にわたって実施されたという事実は、戦後四〇年が経過した一九八〇年代半ばにおいても大和に対する関心が失われていなかったことを示唆している。

では、本書にてここまで分析の中心に据えてきた、軍事雑誌『丸』はこの時期大和についていかなる言説を構築したのだろうか。一九七〇年代前半においては、それ以前の時期同様、戦艦大和のメカニズムと民族意識やナショナル・プライドを結びつけるような言説が複数見受けられる。例えば、東海大学工学部在学中から『丸』や『世界の艦船』に寄稿していた石橋孝夫らは、大和について「大和、武蔵の本来の力は発揮されることなくおわったが、その目的が戦争の道具であったことは別として、偉大な文化的創造物として、今日でも日本人の心の糧として生きつづけている」[9]と語っている。また、経済学者の高須裕三は、一九六〇年代に盛んになされた主張と同様に、戦前から戦後における技術的伝統の継承という観点から戦艦大和の意義を以下のように評価している。

日本帝国海軍のよき伝統であった「技術」と「精神」は、不死鳥のようによみがえって、いま世界の七つの海に、平和と繁栄の戦士として、その「二代目」が活躍をみせている。すなわち、日本の商船隊であり、日本の造船業である。

かつての日本海軍の技術によってそだてられ、いまや世界一の生産量をほこり輸出に大きな実績をのこしている商品には、船舶、カメラ、トランジスタ・ラジオなどがあげられる。そのうちでもとくに、船舶――造船業の敢闘ぶりはみごとである。[10]

さらに高須は戦艦大和を「科学的英知の具体化の結晶」[11]と評し、「そういう傑作をつくりうることは、優秀な民族として、他民族から尊敬される一条件となる」[12]として、科学技術の優秀性を民族のアイデンティティと結びつけている。これらの大和言説は、前章までに見てきたような大和言説と同型であり、この時期の『丸』においても大和をナショナル・アイデンティティの基盤とみなすような言説や大和を科学技術立国あるいは高度経済成長の礎とみなす言説は一つの定型として定着していたことが分かる。

さらに艦艇研究家の木村信一郎は、このような一個の物質に過ぎない戦艦に対し国民が強い愛着を抱くことそれ自体に、日本人の国民性を見出している。木村は海外でも戦艦に対する愛着を持つ事例はあるとしつつ「しかし、日本の場合は、それが一種の神格化に近い感情にまで発展することは珍しいといえる。これは太平洋戦争における大和に対しても同じことがいえ、しかもこの場合は、戦後になって認識されるという変わった現象を生んでいる」[13]と、大和をはじめとした戦艦を神格化するような考え方を、日本人特有のものであると分析している。木村は日本人の戦艦に対する感覚の背景に、日本人が西洋人と比べて叙情的、感覚的であること、そして伝統的に機械に弱い性質があることを指摘する。そのような感覚が機械の固まりである戦艦に畏怖と憧れを抱かせたとして、そのような日本人の国民性こそが「敗れた戦争の後になおかつ大和を復活させ、神話的な感覚で語られる由縁[14]」であると、戦後の大和の扱いをめぐる一連の状況を分析する。

木村の主張からは、当時から既にナショナリズムの源泉である自国の神話的な感覚で戦艦大和の語りを紡いでいることにある種自覚的であったことがうかがえよう。また、戦艦に対する感覚それ自体を日本人の国民性として普遍化できる程度には、戦艦大和神話はこの時期までに人口に膾炙していたものと推察される。

しかし一九七〇年代以降、全体的な傾向としては戦艦大和関連の記事が減少傾向に転じていることが指摘できる。例えば、一九五〇～一九六〇年代においては定期的に組まれていた「大和・武蔵」特集は、一九七〇～一九八〇年代にかけては一度も組まれていない。また、タイトルに「大和」「武蔵」「信濃」「大和型戦艦」といった艦名が入る記事数も一九六〇年代には一五一記事掲載されていたのに対し、一九七〇年代には一七記事まで激減している。読者からも「戦艦大和・武蔵について、最近まったくといっていいほど、特集が組まれたことがありません。知られすぎているほど知られていても、最近になってわかったような事もあり、やはり、大和・武蔵の特集はやってほしいと思います[15]」と要望の声が上がるほど、一九七〇年代以降『丸』本誌において戦艦大和の取り扱いが小さくなっていたことがうかがえる。

そして、戦艦大和関連記事の減少に伴い、戦艦大和をめぐるテクノ・ナショナリズム言説も『丸』

誌面において後景化していく。数少ない戦艦大和関連記事もその多くが戦記でありメカニズム関連の記事ではない。また、メカニズムについての言及だとしても、「大和＝民族の誇り」「大和＝科学技術立国の礎」といった修辞はほとんど確認できない。特に一九七〇年代半ば以降にその傾向は顕著である。

ここまで、一九七〇年代から一九八〇年代における主な戦艦大和表象・言説の状況を整理してきた。敗戦から三〇～四〇年余が経過した時期においても、様々な媒体において戦艦大和は描かれ続けており、特に若年層を中心に一定の人気と関心を有していたことが分かる。また、一九八〇年代には大和艦体発見を目指して大規模な潜水調査が実施されており、人々の大和に対する関心は戦後四〇年を経過した一九八〇年代に至っても失われていなかったと推察される。

しかしながら、これまでそのような戦艦大和をめぐる言説を牽引してきた媒体の一つであるはずの『丸』においては、この時期戦艦大和に対する言及が激減していた。さらに大和自体への言及の減少と並行して、戦艦大和を拠り所としたテクノ・ナショナリズム言説も『丸』誌上から一九七〇年代半ばを境にほとんど見られなくなっていく。同時期の他媒体において戦艦大和は、一定の人気と社会的関心を保っていたにもかかわらず『丸』においてこのような変化が生じたのはなぜなのだろうか。ここからはその要因について、①雑誌『丸』の変化、②社会における科学観の変化、③国産軍事技術開発をめぐる言説の変化に着目してそれぞれ検討していきたい。

2　雑誌『丸』の変化

現代軍事への関心の高まり

本節ではまず、雑誌『丸』の質的な変化に着目する。

一九七〇年代に入ると、『丸』は太平洋戦争中の日本軍関連の戦史や兵器メカニズムのみならず、自衛隊や国際情勢をはじめとした現代軍事に対する高い関心を示し、本誌においてたびたび取り上げるようになる。その傾向は一九八〇年代にも継続した。

このような関心の変化は、例えば『丸』における特集内容の多様化に見てとれる。軍事・戦記専門誌として編集方針を転換して以降の『丸』は、連載記事やコーナーの他に毎号一つないし二つの特集を組み、テーマに沿った記事を掲載している。一九七〇年代以前は太平洋戦争関連戦記や戦艦、戦闘機、戦車などの各種兵器ごとの特集が大半を占めていた。一九七〇年代以降も戦記や旧日本軍兵器をテーマにした特集が主流ではあるものの、この時期、その他のテーマについての特集がたびたび組まれるようになる。

例えば、一九七〇年には「現代の軍事秘密を斬る」「インドシナの悲劇と日本」、一九七一年には「激動するアジア'70」など、戦記ではなく現代軍事関連の特集や国際情勢に絡めた特集が組まれている。また一九七二年には「海上自衛隊の新戦力を斬る!」「陸上自衛隊の新戦力を斬る!」という自衛隊関連の特集が連続して企画されている他、兵器メカニズムについても、旧日本軍の兵器ではなく「現代の焦点　高速艦艇のすべて」のような自衛隊や諸外国の最新兵器に特化した特集が登場してくる。また、特集こそ組まれないものの、一九六〇年代後半以降長期化していたベトナム戦争関連記事や、沖縄本土復帰前後には在沖米軍関連の記事・論説も多数掲載されており、読者からの反響も大きかった。一九七二年の「読者から編集者から」において編集部は「太平洋戦争当時のことばかりでなく、現在、および未来のことも広い視野に立ってどしどしとりあげていこうと思っております[16]」との編集方針を示しており、この時期意図して軍事に関する現在的問題に取り組んでいたことがうかがえる。

　このような編集方針の変化に対し、読者は多様な反応を示した。この時期の読者欄では、現代軍事よりも戦記を載せてほしいという読者に対し、別の読者が「近代戦の兵器について知るべき、現実から目を背けてはいけない。旧軍のはなばなしい戦果ばかり要求するのは戦争美化[17]」と批判したり、「とくにベトナム、沖縄などにとりくんでいることは良い[18]」と評価したりと、『丸』の編集方針の変化に肯定的な投書が目立つ。これらの読者の反応からは、編集部のみならず、受け手たる読者もまた軍事の現代的問題に対して関心を抱いていたことが分かる。しかし、編集部は読者の反応について、

> 現代ものの記事・写真に関する読者の反応は非常におもしろいものがあります。これは自衛隊関係のものもそうですが、もっと載せろという意見と、現代ものはやめて二次大戦のものだけにしろ、という正反対の意見があることとです。本誌とすればやはりここは最大公約数的に両方をとりあげざるをえないわけで……[19]。

と、「現代もの」を望む意見と「戦記もの」を望む意見の賛否両論の状態にあると述べている。読者欄に採用されている投書の多くは、現代軍事関連記事に好意的な反応を示しているが、上記の証言からは、掲載されていない投書の中には相当数の反発や「戦記もの」を要望する意見があったものと推測される。ゆえに編集部は「最大公約数的に」現代軍事と戦記の両方を取り上げることで、多くの読者の要望に応えようとした。

したがって、この時期の『丸』においても、過去の兵器メカニズムに対する関心が完全に失われていたわけではないと考えられる。むしろ多様な読者の要望に応えるように、『丸』編集部は相次いで別冊の刊行を開始している。まず一九七〇年に軍用機や艦艇のグラビアに特化した写真集『丸 Graphic quarterly』が刊行開始されている。そして、一九七五年からは艦艇に特化した『丸スペシャル』(一九七六年までは丸 special 表記)の刊行を開始、さらに一九七六年には軍用機に特化した『丸メカニック』を刊行している。特に『丸スペシャル』は一九八八年まで月刊(一九七六年までは隔月)で発行されており、総号数は全一三五号(加えて特別増刊号『軍艦メカ』が四号)を数える。戦艦大和・武蔵特集も複数回組まれており、『丸』本誌でこそ関連記事が激減しているものの、『丸』読者の大和に対する関心は失われておらず、一定の人気を保持していたことがうかがえる。[20]

以上のような『丸』の刊行状況からは、太平洋戦争や旧軍への関心が失われ、現代軍事に傾倒していったというよりもむしろ、別冊の刊行が必要なほど、軍事に関する話題が多様化しており、その関心が細分化されていったことがうかがえる。この時期、長期化するベトナム戦争や、中東戦争、インドシナ問題など国際情勢が緊迫化の一途を辿り、オイルショックや難民問題という形で「現在の戦争」が、日本の市民生活にも影響を及ぼすようになった。また、国内においても七〇年安保や沖縄返還問題、第四次防衛力整備計画を中心とする軍備増強問題が顕在化し、軍事や防衛に関する事柄が社会的なイシューとなっていた。ゆえに、この時期の『丸』において、現代軍事に対する関心が高まるのはいわば当然の帰結であろう。

しかし、同時に依然として太平洋戦争戦記や旧軍兵器に対する一定の人気は維持されてもおり、編集部は読者の多様な関心・要望を満たすために、別冊化を通じて紙幅を増やし、軍事に関するトピックを細分化させる必要が生じていた。つまり、この時期『丸』本誌において戦艦大和関連記事が減少したことは必ずしも戦艦大和や造艦技術への関心自体が失われたことを意味しない。では、メカニズムへの関心自体が失われていないにもかかわらず、特に一九七〇年代半ば以降、メカニズムとナショナルな意識が結びつくような言説が後景化したのはなぜだろうか。

ナショナリズムの生産者としての「旧軍技術者」の存在

上述の問いについて、この時期の『丸』における特筆すべきもう一つの変化である、執筆陣の顔ぶれの変化という点から検討してみたい。この時期の『丸』では、旧来の書き手とは異なるバックグラウンドを持つ書き手が次々と登場してくる。佐藤は、この時期「軍事評論家」「下級兵士」「歴史家・作家・ルポライター」といった肩書を名乗る新たな書き手が登場したことを指摘している[21]。彼らは従来の中心的論客であった旧軍将官・士官や旧軍技術者といった戦争の指導的立場の当事者とは異なる観点からの議論を展開していく。兵器メカニズム関連の分野においても、本書においてたびたびその記事を引用してきたような常連の論客が、一九七〇年代半ばから一九八〇年代前半にかけて退場していき、新たな書き手が登場してきたことが指摘できる。

このような書き手の質的変化について検討する前に、まず、これまで戦艦大和はじめ造艦技術をめぐる言説構築を担ってきた論客たちがいかなるバックグラウンドを持ち、どのような目的で、いかなる言説を構築してきたかを改めて確認したい。

これまで言説構築の中心的役割を担ったのは、旧海軍技術者、特に元造船士官出身の書き手たちであった。中でも、特に戦艦大和関連の記事・論説を多く発表していた代表的論客として、松本喜太郎、牧野茂、堀元美、福井静夫らが挙げられる。[22] 彼らはいずれも旧日本海軍の造船士官出身である。一九五〇年代から一九六〇年代にかけて『丸』本誌において旧海軍艦艇をはじめとした複数の論説の寄稿や連載記事の執筆、「艦船よもやま話」などの定期連載コーナーの執筆担当を務めた。

彼らは『丸』以外の媒体にも、大和をはじめとした艦艇や造艦技術に関する執筆活動を幅広く展開している。例えば戦艦大和設計補佐を務めた松本喜太郎は、戦艦大和の技術概要をまとめた書籍『戦艦大和――その生涯の技術報告』(後に『戦艦大和　設計と建造』として改訂版を刊行)を一九五二年に発表しており、同書は戦艦大和関連技術の最重要解説書の一角として参照され続けている。また、設計主任として松本同様に戦艦大和の設計に関与した牧野茂は、自身の晩年にあたる一九八〇年代後半に『牧野茂　艦船ノート』『海軍造船技術概要』を相次いで出版している。そして、堀元美、福井静夫は中でも特に精力的な執筆活動を展開した書き手であり、『丸』の他に船舶雑誌『世界の艦船』等にも継続的に記事を発表している。堀は一般書のみならず児童書の分野でも戦艦メカニズムについての書籍を刊行している。一方、福井は終戦後第二復員省にて戦史調査に携わった関係で、旧日本海軍艦艇関連の技術資料の収集家、艦艇研究家の第一人者的存在としての地位を確立していった。ゆえに多数の論文、雑誌記事を中心とした著作物を残しており、一九五六年には『日本の軍艦——わが造艦技術の発達と艦艇の変遷』を発表、没後には全一二巻の著作集が刊行されている。

彼らは、自身が戦艦大和の建艦に携わった経験を有するか、もしくはその現場に非常に近い位置で仕事をしていた技術者であり、戦後は民間造船会社や自衛隊において技術者としてのキャリアを重ねつつ、『丸』等で執筆活動を行っていた。彼らはいずれも戦前に東京帝国大学工学部造船工学科を卒業した後、海軍技術科士官としてのキャリアをスタートさせている。戦艦大和の設計・建造に直接関与した松本、牧野は一九〇〇年代生まれ、一方、堀や福井は一九一〇年代生まれで戦艦大和起工後に海軍に着任しており、その設計や建造に直接関与していないものの、きわめて近しい現場にて各種艦艇の建造業務に従事している。戦後は、第二復員省にて戦史調査にあたった福井以外は、起業や船舶・工業系企業重役への就任を通じて、技術者としてのキャリアを再開した。また、牧野などは海軍時代の経験を買われ、海上自衛隊や海上保安庁で使用される警備艦や南極観測船などの改造設計、海上自衛隊艦艇の自国建造に関する助言役なども務めている。

このように、他に本業があり、戦後社会においても技術者として一定の社会的地位を得ていた彼らが、本業の傍らで長年にわたり精力的な執筆活動を展開したのはいかなるモチベーションによるものだったのだろうか。彼ら自身が残している言葉から、その執筆動機を考察したい。まず、前章にて確認した牧野の執筆動機を今一度確認する。

このとき、われわれが切実に考えたことは、われわれの代において、先輩各位の苦心と国民の血税の結晶である造艦技術を、永久に抹殺して相すむであろうか、ということであった。そして、造艦技術にあらわれたわが民族の高い文化資産を宣揚して、後進に希望と奮起をうながすとともに、高い水準にある造艦技術を礎石として、より高い技術を平和産業にうち立てるために、貴重な資料や経験を残すことは、せめてものわれわれの罪ほろぼしである。いや、それは義務ではなかろうか。[23]（傍線は引用者による）

彼らが本業の傍らで執筆活動に注力した目的は、自らの、あるいは同僚や先輩諸氏の仕事・功績を正しく評価し後世に伝えるためであったことがうかがえる。実際彼らの執筆物では、平賀譲をはじめとした先輩技術者に対する賛美が散見される。特に福井は『丸』において艦艇建造史を数多く発表しているが、その中でたびたび平賀譲、近藤基樹、藤本喜久雄、福田啓二といった日本海軍を代表する技術者を紹介し、その業績を賛美するような記述を行っている。例えば『丸』一九六四年八月号「弩級戦艦時代をつくった東西名設計者列伝」という記事では、その中で平賀・近藤を「この二偉人は、ともに世界的な大工学者であり、二〇世紀の碩学である」[24]と激賞している。

また、牧野も福井同様に同僚・先輩技術者の業績を肯定的に評価し、おりに触れて紹介していることが確認できる。例えば「戦艦「大和」主砲設計陣の偉業を讃えて」という記事において「その三連装の大口径砲は従来の長門型の四〇センチ二連装砲塔とはまったくことなった画期的な装置であって、私はこの成果に大いに敬意を表するものである。その設計を主催した菱川氏は偉大な技術者だと思う[25]」と当時造兵大佐であった菱川万三郎を技術者として高く評価している。

ただし前章で確認したように、彼らは単なるノスタルジックなテクノ・ナショナリズムには批判的な態度を示してもいた。その理由は、過去の技術はあくまで現在や未来の技術の進歩のために参照すべきものであるという技術者としての進歩主義的な規範によるものだった。ゆえに彼らは、大和についても旧海軍技術者たちの優れた業績の代表格として高く評価しつつも、『丸』読者をはじめとする大和ファンらによって単なる「世界最大・最強の戦艦」としてノスタルジックに消費されることについては不快感すら示していた。例えば堀は、一九七五年の『丸』においても「日本人は負けおしみの強い人種だから、過去の記憶のなかから、なにかしら誇りになりそうなものをもとめる。そして、それをふりかざす。その例のいちじるしいものが、巨艦「大和・武蔵」である[26]」などと大和や武蔵をナショナル・プライドの象徴として振りかざすことを批判している。

つまり造船士官出身の論客たちが、執筆活動を通じて旧軍の造艦技術や技術者の解説や評価を行った目的は、敗戦によってその評価が宙吊りとなっていた旧軍技術者たちの業績に正当な評価を与え、科学技術の進歩のためにその技術や経験を参照することであり、国家の顕彰やナショナリズムの強化・喚起自体が必ずしも目的ではなかった。しかし第1節で見た通り、結果として彼らの戦艦大和評やメカニズム解説は、戦後の読者たちには「世界最大・最強の戦艦」をかつて日本人が造り上げたというノスタルジックなテクノ・ナショナリズムの裏付けとして消費され、ナショナル・アイデンティティを強化する語りとして定説化していったのである。

彼らは技術者・職業人としてのモチベーションから、造艦技術についての解説や評価、時に賛美を行っていったが、戦艦の建造が一種の国家的プロジェクトであった以上、その評価・賛美はすなわち国家への評価・賛美の言説へと結びついていく。さらに、敗戦によって失われた過去の技術の意義や有用性を主張するために、戦後社会への貢献を強調したことで、戦後日本の「科学技術立国」というテクノ・ナショナリズムにも接続していくこととなる。すなわち、造船士官出身の書き手たちによる戦艦大和や造艦技術をめぐる語りは、技術者としての素朴なモチベーションによるものであったが、彼らの携わった戦艦の設計と建造という技術開発が他ならぬ国家的プロジェクトであったために、結果としてナショナリズムの喚起・強化へと結びついていったと考えられる。

このように本人たちの動機とはいささかズレた形で、結果としてナショナルな言説の生産者となった造船士官出身の論客たちであるが、その特徴は、彼ら自身が技術者という職能集団の一員であり、技術開発の当事者であるという点に他ならない。民生技術のテクノ・ナショナリズムを分析した先行研究が示した事例において、ナショナルな言説の生産者の位置にあったのは、企業の広報やマス・メディアであり他ならぬ技術の担い手である技術者当人たちではなかった。しかし、軍事技術をめぐる語りにおいては当の技術者たちが、専門家としての自らの仕事について語ることが、ナショナルな言説の生産に直結している。(27)

そのような役割を果たした彼らも、一九七〇年代半ば以降、言説空間から徐々に退場していくことになる。その要因は彼ら自身の高齢化と技術の高度化にあると考えられる。一九〇〇〜一九一〇年代生まれの彼らは、一九七五年時点で六十代半ば〜七十代半ばを迎えていた。一九八三年には松本、一九八五年には堀が相次いで死去している。一九九〇年代頃まで健在であった福井や牧野も一九七七年頃を境に、『丸』への寄稿が見られなくなる。このように、高齢による社会の第一線からの引退や死去によって、これまで『丸』をはじめとした造艦技術関連の言説において中心的役割を担った造船士官出身の論客たちは、この時期言説空間から退場していった。[28]

さらに付け加えるならば、一九七〇年代以降『丸』本誌の関心が現代軍事に向けられたことも書き手の世代交代に拍車をかけたと推察される。造艦技術に限ってもこの時期DDG(ミサイル護衛艦)やDDH(ヘリコプター搭載護衛艦)といった新式護衛艦が登場し、さらに八〇年代後半には、高度なイージス・システムを搭載したイージス艦の建造が決定している。旧軍技術とは全く設計思想の異なるこれらの新技術を解説するには、新式兵器に明るい新たな世代の専門家が必要だったのではないだろうか。

実際、造船士官出身論客たちの後にメカニズム解説を担っていったのは、八田十四夫、野木恵一といった艦艇研究家や軍事ジャーナリストという肩書を名乗る書き手であった。彼らの多くは、旧軍技術者出身論客たちの一回り以上下の世代であり、戦後生まれの書き手も少なくない。また、ほとんどが非旧軍関係者であり、軍民問わず技術者としての職業経験を持たない。また、一九七〇年代頃には藤井治夫のような革新的な立ち位置から軍備メカニズムについての評論を行う革新系軍事評論家も誌面に登場している。彼らは、軍事や艦艇についての専門知識は有しているが、実際に戦艦をはじめとした艦艇を設計・建造する経験を持たない、いわば非当事者であった。

すなわち、戦艦建造の当事者的立場にあった造船士官出身論客が共有していた技術に対する自負心や技術者としての規範といったものを、新しい書き手たちは必ずしも共有していない。ゆえに彼らは、自身を含む過去の技術者による業績の顕彰や科学技術の発展に寄与する知識・経験の伝承といった目的意識に基づかない言論を展開していったのではないか。(29) 実際、革新的立場から議論を展開した藤井などは、軍備構想やメカニズムを具体的に分析しつつ、その分析の結論を踏まえて自衛隊や政府批判を行ったり、平和主義あるいは国際協調主義的な主張を行ったりしている。(30) これは明らかに造船士官出身論客たちのモチベーションとは異なる動機に基づくものであろう。

また、野木や八田らの中心的な関心は、旧軍技術以上に自衛隊装備をはじめとした現代兵器にあり、旧軍技術者の再評価や顕彰といった点にはあまり言及していない。したがって、旧軍技術者やその業績の顕彰や科学技術の進歩などを目的としない以上、国家の顕彰や賛美と表裏一体のメカニズム評価・賛美や、旧軍技術の意義・有用性を裏付けるための旧軍技術の戦後への貢献といった言及がなされる必要はない。ゆえに、一九七〇年代以前に展開されたような戦艦大和をめぐるテクノ・ナショナリズム的な言説は、新たな書き手たちが台頭する一九七〇年代半ば以降、誌面において後景化していったものと考えられる。

3　反科学的気運の高まり

科学史研究者の中山茂は、一九七〇年代においてベトナム戦争における化学兵器の使用や国内における環境破壊・公害問題の顕在化によって日本社会に「反科学・科学批判」の空気が生じ、それまでの科学優先主義の曲がり角を迎えたことを指摘している[31]。兵器メカニズムを中心に科学技術の進歩を肯定的に評価してきた『丸』においても、特に一九七〇年代前半を中心に科学批判的な言説が見られるようになる。例えば一九七〇年の万博に際しては、博覧会で示された最新科学技術の礼賛ではなく、以下のようにその欺瞞が糾弾された。

> 文化とは苦しい闘いの果てに花開くはずだ。ある政治的なにおいをプンプンとさせながら万博がはじまったが、この万博が何よりもダメなのは、そこに文化に対する真の問いかけが見られないからだ。ぼくらが闘わなければならないこの日本に山積みされた問題。それ抜きにして人類の進歩と調和など決してありはしない[32]。

日本万国博閉幕。参加七十七カ国、入場者六千四百万人の史上最大規模。〃経済大国〃ニッポンの一大デモンストレーションだった。だがその一方で、公害、住宅難、高物価、交通地獄が世界最悪の規模で進行している。そして強力な軍事力。万国博のニッポンはたんなる顔の一面にしか過ぎなかった。[33]

公害問題についても、記事で直接取り上げることはほとんどなかったが「編集後記」において川崎出身という編集者を中心にたびたび言及され「十年前、日本の道路が悪いのを僕は悲しんだ。しかし良くなった道は、事故と排気ガスで人を動植物をいためつけている。今になって反省している。見通し〔が〕甘かったと」[34]のような科学批判、文明批判が行われている。

そのような反科学的な気運が醸成される中で、科学技術を自国の優秀性の根拠として称揚するテクノ・ナショナリズムについても抑制的な態度がとられていた。例えば、日本初の国産人工衛星「おおすみ」の打ち上げ成功については『丸』でも繰り返し言及されたが、これらの記事において「おおすみ」の成功を根拠にした日本の技術的優秀性を誇示・礼賛するような言説はほとんど見られず、むしろ、「宇宙の平和利用と、学問研究を旗じるしに出発した、日本の宇宙開発にとって、かなりの〝風圧〟がかかることになるだろう」[35]とロケットの軍事転用を危惧する論調が主流であった。また、「おおすみ」打ち上げ成功を報じるマスコミに対して「〝復活紀元節〟の日にたまたま上がったのも皮肉、〝日の丸衛星〟とばかげたキャッチ・フレーズを見出しにした新聞、テレビもすくなくなかったが、東大側は、「おおすみ」と、あっさり地名をつけたのは立派」[36]と皮肉めいた言及をし、テクノ・ナショナリズム的な高揚への不快感・警戒感を示していることも特徴的である。

これらの記事を受けて、読者も「わたしは国産衛星の打ち上げに成功したときたいへんよろこんだ。

そのよろこんだ理由はなんだったろう。ただたんに日本でもできるんだという、うわべだけの考えだったにちがいない。「国産ロケットが軍事ミサイルに化けるとき」という、このたった四ページものの一ページごとを読むたびに「そうか！」ということばがでてきた。わたしたちは現在だけをみつめて、悲しいこと、うれしいことを覚えるのではなく、現在を自分のものにして、未来に歩みたい[37]」とテクノ・ナショナリズム的な高揚を戒めることに同調していることが分かる。

前章までに確認したように、軍事技術を戦後的価値観のもとで自国のナショナル・アイデンティティの拠り所とみなし、肯定するには「軍事」という科学技術開発の目的を透明化して「科学技術」という方法の優秀性だけを誇示するという迂遠したロジックが用いられる必要があった。そしてこのロジックを支えていたのが、科学技術それ自体に善悪はなく、あるとすれば使用する人間の問題であるとする科学中立論的な考え方であった。しかし、一九七〇年代に公害問題や環境問題として顕在化した科学技術の負の側面は、そのようなテクノロジーの中立性あるいは無辜性について疑義を生じさせた。そこから科学優先主義あるいは科学至上主義が崩れ、科学技術の無軌道な発展が必ずしも自国・人類の幸福に結びつくとは限らないという科学観が登場したことで、科学技術の優秀性を自国のアイデンティティとみなすような考えにも抑制的な態度が示されるようになったと考えられる。

4　軍備の意義とナショナリズム

この時期、科学に対する人々の眼差しのみならず、自衛隊の軍備拡大、特に自衛隊装備の国産化についての意識にも変化が見られるようになる。

前章で見たように、自衛隊創設から一九六〇年代にかけてアメリカからの供与に頼っていた自衛隊装備を国産化することは、実用の面からも国家のアイデンティティの面からも重要視されていた。一九七〇年には「自主国防」「自主防衛」論者の筆頭でもあった中曽根康弘が防衛庁長官に就任し、中曽根主導のもと第四次防衛力整備計画が策定される。四次防以降も一九八〇年代には中期業務見積り（五三、五六、五九中業）、中期防衛力整備計画（六一中期防）と防衛力整備計画が相次いで立案され、軍備増強が目指された。そのような中で、自国が軍備を持つことの意義、そしてその軍備の国産であるか否かという問題は、当の国民にいかに理解されていたのだろうか。また一九六〇年代には、戦艦大和をはじめとする旧軍技術の遺産と伝統を自衛隊が継承したとする議論も確認できたが、一九七〇年代以降そのような見方はいかなる展開を見せたのだろうか。本節では、一九七〇〜一九七六年にかけての第四次防衛力整備計画（四次防）をめぐる議論と一九七六年以降のポスト四次防の時期における一連の防衛力整備計画をめぐる議論をそれぞれ分析する。

第四次防衛力整備計画をめぐって

第四次防衛力整備計画は、一九七二年から一九七六年までの五ヵ年を対象とした計画であり、技術開発の推進及び装備の近代化・適切な国産化や周辺海域の防衛能力の整備が方針として盛り込まれた。一九七一年四月に発表された計画概要では五兆八〇〇〇万円の予算が計上されていたが、実現すれば当時世界一二位だった防衛費が六位まで急上昇する大増額であり、世論の反発を招いた。本計画における海上自衛隊の整備目標としてＤＤＨ二隻、ＤＤＧ一隻、潜水艦三隻の整備等が盛り込まれ、艦艇はいずれも国内企業によって建造された。

一方、計画実施の主導的立場にあった政界及び産業界は、いずれも一九六〇年代同様、軍備増強及び国産化を推進していた。一九七〇年代前半の『丸』においても政界や産業界の声が紹介されている。共同通信科学部記者の坂井定雄は、高度経済成長の影響で海上防衛強化を主張する声が、財界・自民党・防衛庁・軍事専門家から一斉に上がるようになったことを指摘している[38]。川崎重工顧問の南部伸清も同様に、海洋国である日本は海上輸送が絶たれれば、日本の繁栄も生活も瞬く間に干上がってしまうとして、海上防衛強化のための潜水艦開発の重要性を説く。その中で「新技術の開発と精到な訓練が海宙戦勝利の秘訣であり、安全保障の第一歩であると信じている[39]」と日本の安全保障における新技術開発の意義を主張している。

つまり、高度経済成長期に生産量が飛躍的に増加し、輸出入量が増大したことが、海上防衛強化の旗印になっていたことが分かる。また当時の日本兵器工業会会長である玉置敬三が、四次防について「三次防でも兵器の国産化を進めてきたが、今後とも国産化を進めることが望ましい[40]」と述べていることが紹介されている。ただし、この国産化の推進は、国内防衛産業の育成・保護といった実利的側面に由来するものであり、国威発揚や国家のアイデンティティの問題として国産化が語られたわけではない。いずれにせよ、整備計画を主導、実施する立場にある政界・産業界は、四次防においてもそれ以前の時代から引き続いて、国産技術による軍備増強を主張していたことが分かる。

では、上記の主張や四次防そのものに対する読者の反応はいかなるものであったのだろうか。

この時期の読者欄には、四次防はもちろん安保や自衛隊に関する意見投書が目立つ。一九七〇年以前の読者欄は主に前号掲載記事に対する感想が主であったのに対し、一九七〇年頃からは軍事関連の社会問題に対する意見投書が急増する。また読者同士の名指しの議論なども行われるようになった。一方で、そのような意見投書の急増に反比例して、六〇年代までに多く見られた兵器ファンによる投書がほとんど見られなくなる。このような変化に編集部は自覚的であり、「最近自衛隊に対する意見が、また数多くよせられております。当編集部では、自衛隊やその他のいろいろな問題に対する読者からの活発な意見をおまちしております[41]」とその変化を歓迎している。すなわち、この時期読者欄は誌面においてその役割が変化しており、単なる雑誌の感想を共有する空間から読者同士で軍事問題を議論する空間としての役割を果たすようになっていた。

そのような議論の空間としての当時の読者欄において、四次防による軍備増強は概ね批判的に受け止められていた。読者欄における四次防への反対意見は以下のようなものであった。

憲法の第九条には〝戦争放棄〟を謳っているのに、なぜあんなに多くの艦艇をつくるのだろうか。

そのようなお金があるのなら公害防止などのために この金をつかえばいいと思う。[42]

年々増強される軍事施設や兵器。莫大な予算のなかから少しでも社会福祉に使うほうがどれだけ役に立つかわからない。飛行機、自衛艦がふえたからといって、国民生活には何の役にもたたない。[43]

自衛隊ほどムダ金をつかうものはない。四次防だのなんだのといって、莫大な金を出費して〝兵器〟を集めているが、あの金を社会福祉や住宅の建設に当てたほうが、よほど世のなかのためになりはしないだろうか。[44]

彼らは、国産か否かといった問題以前に、そもそも軍備増強の必要性を認めていない。また彼らの意見に共通するのは、軍備というものが不経済であるという理由から軍備増強の必要を認めていない点である。そして当時問題となっていた公害問題や住宅問題等にその巨額の予算を差し向けるべきであると主張していた。つまり、彼らは主として税金の使途について批判をしていたのである。他方で、当時の『丸』読者欄においてどちらかといえば少数派ではあるものの、四次防による軍備増強を支持する意見も存在した。

国防についていろいろと意見がでているが、今日の世界情勢をみると非武装などということは、現実ばなれしているので、いまの自衛隊をもっと増強して近代化すべきだとおもう。[45]

日本を守るには、たとえ安くとも、日本という国の地形にあった兵器をたくさん持つ方が、なによりも重要である。それゆえ、いつまでも外国産の戦闘機に頼るのではなく、国産の防空戦闘機の、もっと新しい機種を開発することこそ、急務である。[46]

日本は経済大国でもあるのだから、軍備がないというのは頭だけあって手足がないのと同じことだ。したがって、日本が満足な国家になるよう軍備の強化をはかるべきだと思う。[47]

軍備増強を支持する意見については、非武装中立論を非現実的として批判する現実主義的立場に立つものや、軍備・兵器は国情にあったものを自国で開発することが重要とする軍事戦略面における国産化の支持などが見受けられる。また、大国として満足な国家となるように軍備増強すべきというナショナリズム的見地に立った軍備の必要性を主張する読者も存在した。しかし、これらの軍備増強を支持する意見については「あまりにも自国意識が過剰」[48]と他の読者から批判が加えられてもいた。

前章で確認したように、第二次・第三次防衛力整備計画の際には、自衛隊の整備はもちろん軍備の国産化へのこだわりをも見せていたにもかかわらず、この時期誌上において軍備増強及び国産化に反発が目立ったのはいかなる要因によるものなのだろうか。

第一に、この時期自衛隊及び防衛庁の相次ぐ不祥事による自衛隊に対する不信感が強まっていたことが要因として考えられる。一九七一年には、民間旅客機と航空自衛隊機が衝突し、民間人一六二人が死亡する衝突事故（全日空機雫石衝突事故）が発生している。七〇年代においてはその後も戦闘機墜落事故が相次いでいる。また、政治においても一九七一年には衝突事故による引責辞任や不適切発言による辞任などで防衛長官が一年で四人も交代する事態が生じた。また一九七三年には当時の防衛庁長官が昭和天皇との会話内容を公開したことで発生した政治問題である増原内奏問題が波紋を呼んだ。これらの自衛隊・防衛庁関連の相次ぐ不祥事は、国民に対して自衛隊に対する不信感を募らせる結果となった。特に全日空機雫石衝突事故は四次防の成立を目指した議論の最中に起こった事故であり、四次防の成立に少なくない影響を及ぼした。

一九七一年一一月号では、軍事評論家の林茂夫が「自衛隊機が空を飛べば民間機に衝突して一六二人も死なせるし、自衛艦が海上をゆけば魚網を切って漁民の生活をおびやかす[49]」として、国民の生活を守る立場であるはずの自衛隊が、国民の生命・生活をおびやかしていることを痛烈に批判している。さらに林はそのような事故を起こすこと自体だけではなく、事故後の自衛隊の説明責任を果たしていない姿勢についても批判している。

またあるときの「編集後記」では、「このところ航空機事故関係の記事が目につく。航空自衛隊を例にとれば、松島、小牧、新田原での戦闘機墜落は記憶に新しく、那覇のＦ１０４Ｊの事故がつづいた。そのたびに、一機何億円という機体が消え、莫大な費用をかけて育てあげたパイロットが犠牲者となる。もし、その金を別の用途に使ったら、国鉄も、食管会計も、健康保険も、たちどころに赤字解消になるのでは……と考えるのは、家計に苦しむ庶民だけかな[50]」と、自衛隊の不祥事と軍備の不経済性が結びつけられて批判されている。このような相次ぐ事故は、平時の社会においてただでさえその有用性、役割が国民に見えにくい軍備が、単に役に立たない（と感じられる）どころか、国民生活をおびやかすものという印象を強め、軍備を不要とみなす見方と結びついたと推察される。

また、第二の要因としてオイルショックの影響に着目したい。先に見た通り、軍備増強に反対する意見の多くはその経済的でないことを批判していた。第一次オイルショックはそのような見方を強化する出来事であったと考えられる。例えば一九七三年の読者欄において、以下のような意見投書が掲載されていた。

いくら自衛隊で戦車、航空機、船舶をふやしたところで、それらはみんな石油で動かすものなのである。したがって、わが国のように九九パーセント外国からの輸入にたよっている現状から考えれば、もし石油の輸出を外国がストップしたら、これまでに国民の血税で装備された戦車や飛行機、それに船などはただの鉄クズにすぎなくなる。もし戦争にでもなったら、外国は日本への輸送路を断ちきるのはまちがいないのだ。もしそうなれば日本はもう抵抗することもできなくなる。それがわかっていながら、自衛隊をもっと強化しろ、というのはまるっきりバカとしかいいようがない。要するに自衛隊は今すぐに解散したほうがいい。[51]

この投稿者は、軍備の開発、生産に多額の費用がかかることではなく、日本が石油のほぼすべてを外国からの輸入に頼っている以上、輸送路が断たれれば石油を動力源とする兵器は有事には何ら役に立たない、ゆえに軍備を持つことやひいては自衛隊の存在自体を否定している。この投書に対し編集部も「最近のエネルギー危機を真正面からみつめたもので、ふだん私たちが見のがしている点を鋭くついており非常にユニーク[52]」と評価した。さらに当時のオイルショックと対日石油輸出の禁止が第二次大戦開戦の契機となったことを重ね、エネルギー問題と軍事の関係を考えることを読者に促している。

また一九七四年三月号において特別企画として「知られざる帝国陸海軍おいる戦記／にっぽん自衛隊〝石油戦線〟異状あり」という石油危機関連特集を企画した。本特集においても、石油危機によってエネルギーや食糧の外国依存が顕在化したことを根拠に、エネルギーや食糧を輸入に頼る国家である以上「自衛隊は日本本土を戦域とする戦争には、まったく役だたない」として自衛隊増強論者を批判している[53]。くわえて翌月には石油危機をテーマとしたノンフィクション・ノベルを二本掲載しており、石油危機に対する関心の高さをうかがわせる。ＳＦ作家の光瀬龍も「自衛隊戦線異状なし」という短編を寄稿し、陸上自衛隊の師団長に「石油がなければないなりに、それに見合った軍備をもてばいいのじゃ。石油の豊富な国とおなじように戦車や装甲車、飛行機などをそろえようというのがまちがっとるよ[54]」という台詞を語らせている。

これらのオイルショックを受けた議論に通底するのは、石油を輸入に頼っている以上、石油を動力とする軍備を持つのは不相応であるという意識であり、そこで喚起されたのは第二次世界大戦において石油を禁輸とされ、補給線を断たれた苦い記憶であった。ゆえに軍備を増強するのは、単に不経済であるばかりか全くの無意味であるとして、その意義が否定されていったのである。

このように四次防をめぐって『丸』では、自衛隊への不信感やオイルショック等の経済的な危機感を背景に、軍備増強に対する批判が展開されていた。そしてこれらの批判で特に重視されていたのが経済性の問題であった。

さらにこのようなコスト意識は、軍備の国産化を重視しない見方にもつながっている。例えば、軍事評論家の野木恵一は、自衛隊装備について「兵器において重要なのは国産か否かではなく、まずその性能であり、使いやすさであり、また調達性（コストなど）である。必要ならば、こだわりなく外国からでも兵器を導入すべきであろう[55]」として、実用性やコストを重視し、国産にこだわる必要がないという見解を示している。四次防をめぐる議論で重視されたのは、まずその経済性であり、その軍備が国産技術によるものかどうかという点は、特に軍備増強反対派にとって問題とならなかった。そして、経済性を重視する人々にとって、そもそも軍備自体が日本にとって不経済なものであり、優れた軍備を持つこと自体に意義が見出されなかった。

ゆえに、一九六〇年代に見られたような軍備の国産化への拘泥は、この時期の議論において少数派に留まり、同時に、国産軍備を実現する日本の技術的優秀性の根拠として大和をはじめとする旧軍技術の遺産や伝統が参照されるような言及も後景化していった。もちろん、自衛隊装備の国産化の開始期から二〇年余が経過し、旧軍技術と現代軍事技術との連続性が薄れたことも要因であると考えられる。しかし、それだけではなく六〇年代にしばしば見られたような、自衛隊を旧軍の継承者とみなし大和の建艦技術が戦後、自衛隊艦艇建造に引き継がれているとするような言説がこの時期見られなくなったのは、国産軍備、ひいては軍備そのものに価値が見出されなくなったことも影響しているのではないだろうか。

なぜならば、大和建造に用いられた技術や設備、人的資産が、戦後技術の発展の基盤となったとする言説は、大和に象徴される旧軍の伝統や遺産を継承したとみなされる側にも価値や意義があるという認識が共有されていなければ成立しないロジックによって構成されるものだからである。

一ノ瀬は「大和の記憶は、高度成長が奇蹟でも偶然でもなく、かつて大和を作った日本人だからこそ出来た偉業であり、石油ショック程度では決して揺るがないと日本人が自ら信じ、誇るべく動員されている」[56]と、戦後大和が「科学技術の神」として語られた理由を説明している。確かにそれは「大和＝科学技術立国の礎」論の一面を説明しているが、それだけでなく「大和＝科学技術立国の礎」論には、戦艦大和の方を戦後技術の成功によって改めて価値付けるという側面が同時に存在するのである。

自衛隊艦艇や巨大タンカーなど、戦後の優れた国産技術の所産に戦艦大和の遺産が継承されているとみなす主張は、戦後技術の成功に根拠を与える効果のみならず、戦艦大和の技術的優秀性にも根拠を与え、戦後の社会に恩恵をもたらす存在という新たな価値や意義を付与するという目的を内在している。実際、これまで見てきたように「大和＝科学技術立国の礎」論というロジックが用いられる場面には、戦艦大和を無用の長物と批判する意見に対する反論であることが少なくない。つまり、大和の遺産の継承者である戦後技術の所産の価値が高いほど、大和の価値も高まるのである。したがって大和と結びつく戦後技術の所産の価値や意義が低く見積もられた場合、このロジックは成立しない[57]。ゆえに、国産軍備の意義が認められていなかったこの時期、戦艦大和と自衛隊艦艇の連続性を強調するような言説は用いられなくなっていったと推察される。

一九八〇年代後半におけるイージス艦の導入をめぐる議論

一九七六年に第四次防衛力整備計画が最終年度を迎えると、ポスト四次防として防衛庁内の単年度計画である中期業務見積り、政府の五ヵ年計画である中期防衛力整備計画が策定され、軍備の整備、増強が目指されていくこととなる。ここでは、これらの防衛力整備計画の中でも特に一九八〇年代半ばから後半にかけて議論が起こった海上自衛隊におけるイージス艦導入を中心に取り上げたい。

ポスト四次防から二〇〇一年一三中期防の時期にかけて、海上自衛隊はミサイル護衛艦二隻、ヘリコプター搭載護衛艦一隻、汎用護衛艦五隻、ヘリコプター八機の八艦八機体制の確立を目指した。この編成は旧日本海軍連合艦隊の八八艦隊になぞらえて通称「新八八艦隊」などと呼ばれることもあった。以後海上自衛隊は、二〇〇六年までに三四隻の護衛艦を量産していくこととなる。

この新八八艦隊整備のために量産された新型護衛艦群について『丸』の論者は、四次防のときとは異なり、比較的好意的な反応を示した[58]。例えば「「しらね」型DDH、「たちかぜ」型DDG、「はつゆき」型DDは、対潜・防空、対水上戦および電子戦などの能力は世界のトップレベルにあり、砲熕・ミサイルなどの武器類、電子兵装なども西側の一線艦と肩をならべている[59]」、「海上自衛隊の護衛艦群は、いずれも最新式のミサイル、電波武器などを搭載、システム化もすすんだ世界一級の〝スーパー・デストロイヤー〟といえそうだ[60]」などと肯定的に評価している。

読者も七〇年安保や四次防の時期のような自衛隊・軍備増強に対する批判的な姿勢とは異なり「海

自の新鋭護衛艦「はたかぜ」の艦姿はなかなか重厚でカッコよく、好感が持てます。この「はたかぜ」クラスも二隻で建造が打ち切られ、つぎには今後、最大の目玉であるイージス艦の建造に移行するわけだがどのような姿で登場してくるのか、楽しみの一つである。とにかく、海自にとってはとても高価な艦であり失敗は許されない。それはそれとして、優秀な日本の造艦技術を信じていますが、どうせ造るならすばらしい艦にしてもらいたいものだ[61]」のように、造形的な魅力や最新技術への期待など好意的な反応を示している投稿も見受けられる。

しかし、この時期においても四次防同様、艦艇製造にかかるコストの面から整備計画に対して懸念が示されてもいた。

しかし、一隻約一、三六〇億円。護衛艦のなかでも高価につくDDGは「はたかぜ」級で約七〇〇億円かかったが、新DDGはその二倍近くもする〝ゼニ食い虫〟だ。自衛隊はじまっていらい、単品としてはもっとも高い買い物である。

米、ソの超海軍国と英国をのぞいては、高価なDDGを八隻もそろえようという国はいまのところ日本だけ。しかも、将来はすべて、西側諸国でも高嶺の花であるイージス艦にしようというのだから、金持ち国日本ならではの構想だが、はたして大蔵省が認めるかどうか。

新DDGは一隻で六倍の働きをするのだから、費用対効果の面からも決して高いフネではないという意見がある。一方では、かつての戦艦「大和」の建造にも似た愚策と酷評するむきもある。[62]

この時期導入が検討されていたイージス艦は、建造に一隻一〇〇〇億円超かかる高価な艦であり「ゼニ食い虫」と揶揄されている。また、経済大国としていわば「金に物を言わす」ような構想を、大和の建造に似た愚策と建艦に巨額の税金が投入された大和を引き合いに出して批判する者もいたという。

すなわち一九七〇年代から継続して、軍備の価値や意義が、国威発揚やナショナル・アイデンティティの問題としてではなく、経済性の問題として考えられていたことが分かる。軍事アナリストの小川和久は、政府の軍備計画の検証にあたって「検証の前提となる筆者の立場とは、まったく日本国民、それも納税者のものでなくてはならないであろう。この場合の納税者とは、有事に自衛隊が国家と国民を守れる存在であってほしいと願い、同時にみずからの税金が有効に使われることに、明確な権利と義務の意識をいだく日本国民ということになる」[63]と、一人の納税者としてその評価をすべきとの立場を表明している。つまり、軍備の経済性を含めて軍備計画を検証する小川は、戦略戦術の側面のみを重視する用兵側の視点でもなく、兵器を造形的・趣味的に愛好する兵器ファン的な視点でもなく、自身の納める税金がどう使われるかを注視する納税者の視点に立っていることが分かる。これまで示してきた経済的観点から軍備の必要性を認めない読者らも、このような納税者としての視点から軍備の意義を考えていたといえるだろう。第１章にて旧軍においても、戦艦建造費の原資が国民の税金である以上、その使途の正当性について国民に理解を求める努力が払われていたことを確認したが、戦後の自衛隊においても同様の状況にあったことがうかがえる。

しかしながら、自国の戦艦（護衛艦）の存在意義については旧軍と自衛隊とでは全く異なるとする指摘もある。

〔旧軍の八八艦隊は〕一等国日本の国際的地位の裏づけとなり、国際政治、経済などの面で大きな影響力をもつ、国家政策遂行のための重要な兵力で、海上自衛隊の八八艦隊とは質量はいうにおよばずその存在意義をまったく異にするものだった。(64)

艦艇研究家の阿部安雄は、旧軍の八八艦隊に対しては、単に軍事上の意義のみならず国家の地位の裏付けという国威発揚的な意義をも認めている。対して、海上自衛隊の新八八艦隊についてはそのような国家の地位を裏付けるという存在意義はないと考えている。つまり、阿部にとって海上自衛隊の護衛艦隊は、単に海上自衛隊の各種任務に用いられる道具的意味しか持たず、国家としてのアイデンティティを示す象徴的存在ではなかったといえよう。

ここまで一九八〇年代における新八八艦隊の整備及びイージス艦導入をめぐる言説を分析してきた。これらの分析から一九七〇年代に比して、一九八〇年代における軍備をめぐる『丸』の論調は比較的穏当なものとなっていたことが明らかとなった。とはいえ、ハイテク技術の集積であるイージス艦は従来の護衛艦よりはるかに高額の艦艇であり、その経済性については一九七〇年代同様に批判的な眼差しが向けられていた。

5　戦艦大和をめぐるテクノ・ナショナリズムの成立条件

本章では、経済状況や国際的な立ち位置、科学技術を取り巻く状況などの転換期に、戦艦大和をめぐるテクノ・ナショナリズムはどう展開したかを分析してきた。

まず、一九七〇年代から一九八〇年代においても様々な媒体で戦艦大和は表象され続けており、なおかつ、戦艦大和を建造した技術が戦後の技術発展に寄与したとする語りが複数確認されたことから、「大和＝科学技術立国の礎」論は、戦艦大和をめぐる語りの一つの定型として定着していたことが明らかとなった。

しかし、一九七〇年代以前の時期において戦艦大和と戦後日本のナショナル・アイデンティティとを結びつけるような言説構築を牽引していた『丸』では、逆にこの時期、戦艦大和関連記事が激減し、それに伴い戦艦大和をめぐるテクノ・ナショナリズム言説も以降ほとんど確認できなくなっていた。本章では、なぜこの時期の『丸』においてそのような変化が生じたのかを、①執筆陣の世代交代、②社会の科学技術観の変化、③軍事技術を取り巻く眼差しの変化という観点から検討してきた。

これまで、『丸』のメカニズム解説において中心的役割を果たしてきたのは、旧軍技術者出身の論客たちであった。しかし一九七〇年代半ば以降、一九〇〇～一九一〇年代生まれの旧軍技術者出身論客たちは、高齢化に伴い社会の表舞台から姿を消していく。軍事技術開発の当事者であった彼らが精力的な執筆活動を展開した背景には、敗戦によってその評価が宙吊りとなった旧軍時代の自身や同僚・先輩技術者の技術や業績の再評価という目的と、科学技術発展のための経験と知識の伝承という技術者としての進歩主義的な規範が存在した。しかし、軍事技術開発が国家的プロジェクトであるがゆえに、その評価や顕彰を目的とした言説は、結果として国家の顕彰やナショナリズムの強化に結びついていった。したがって、旧軍技術者出身論客とは異なるバックグラウンド、異なる関心やモチベーションに基づく言論を展開する新たな世代の書き手が台頭してくる一九七〇年代半ば以降、国家の顕彰や賛美と表裏一体のメカニズム評価・賛美や旧軍技術の意義・有用性を裏付けるための旧軍技術の戦後への貢献といった言及は後景化していったと考えられる。

さらに外在的な要因として、一九七〇年代以降、公害問題等を通じた科学技術の負の側面の表面化に伴い、日本社会に反科学的気運が強まったことの影響も少なくなかったと考えられる。科学技術の進歩それ自体の負の側面が顕在化したことで、科学技術の中立性や無辜性に揺らぎが生じた。すなわち、科学技術の進歩を常に是とする規範を前提としていた、軍事技術における「目的」と「方法」を切り分け「目的(=軍事)」を否定しつつ「方法(=科学技術)」の優越性のみを称揚する論理もまた説得力を失ったといえる。

そのような中で、『丸』というミリタリー・カルチャーの空間においても、国産軍事技術開発に批判的な眼差しが向けられるようになる。一九六〇年代には自衛隊装備の国産化は実用の面はもちろんのこと、占領時代からの脱却、国家としての自立といった国家のアイデンティティの面からも希求され、推進されていた。しかし一九七〇年代以降の時期においては、軍備の不経済性や自衛隊への不信、エネルギー問題への危機感など現実的な側面が重視され、軍備の国産化に対してあまり意義が見出されなくなっていく。その結果、国産軍備を実現する日本の技術的優秀性の根拠として大和をはじめとする旧軍技術の遺産や伝統が参照されるような言及も後景化していった。なぜならば、そのような「大和＝科学技術立国の礎」論は大和が戦後技術の成功を根拠付けると同時に、戦後技術の成功が大和の存在意義を価値付けるという相補的な構造を持つ語りだからである。

以上の一九七〇～一九八〇年代に起こった複数の変化によって、『丸』における戦艦大和をめぐるテクノ・ナショナリズム言説の後景化がもたらされたと考えられる。さらに言えば、この『丸』誌上においてテクノ・ナショナリズムが後景化した要因を検討することを通じて、旧軍技術をめぐるテクノ・ナショナリズムのいくつかの成立要件が導き出されたと考えられる。

書き手の質的変化という要因は、旧軍技術をめぐるテクノ・ナショナリズム言説の構築が、技術開発の当事者たちによる業績の再評価や経験の伝承といったモチベーションによって成立していたことを示すものである。さらに、その言説に対する評価や受容は常に不変ではなく、ナショナル・アイデンティティの拠り所となる科学技術に対する社会の意識や信頼といった科学技術観に左右される。また、旧軍技術のような過去の科学技術をめぐる言説については、過去と現在の称揚が相補関係にあり、過去の技術の継承先とされる現在の技術の評価が、過去の参照にも影響を及ぼしていることがわかる。戦艦大和をはじめとした旧軍技術をめぐるテクノ・ナショナリズム言説は、以上のような条件のもとに成立していたといえよう。

第6章　「第二の敗戦」と戦艦大和
――低成長期における「大和＝科学技術立国の礎」論

1　経営書的戦記における「大和」言説の受容

第6章では、主に一九九〇年代から二〇〇〇年代にかけての戦艦大和をめぐるテクノ・ナショナリズム言説の展開を見ていくが、その前に一九七〇年代末から一九八〇年代にかけて「科学技術立国」という日本のナショナル・アイデンティティの拠り所としての戦艦大和が新たに見出された領域について確認したい。

第5章で確認してきた通り、一九七〇年代から一九八〇年代にかけて、それまで大和言説を牽引していた媒体である『丸』では、大和を技術的象徴とみなし、賛美する言説が後景化していた。しかしその一方で、大和をめぐるテクノ・ナショナリズム言説が展開される新たな領域が登場していたのである。その領域こそビジネス雑誌を中心とするビジネス論・経営論の文脈であった。

歴史学者の吉田裕は『日本人の戦争観』において、一九八〇年代に「経営書」的な戦記の刊行がピークになったことを指摘している。[1] その代表例としては、吉田俊雄『海軍式人間管理学』(1984)、戸部良一ほか『失敗の本質』(1984)、堺屋太一ほか『連合艦隊の蹉跌』(1987)などが挙げられる。これらの特徴として、かつての陸海軍の「失敗」から組織論的な教訓を導き出し、それを現代の企業経営に積極的に生かしてゆこうとする問題意識に支えられているという点がある。[2] このような問題意識は、いわゆる戦争経験・記憶の継承とも、本書でこれまで確認してきたナショナルな意識の喚起・強化としての戦争記憶の参照とも異なるものであるといえよう。

吉田が指摘するような経営書的戦記は、一九七〇年代末のビジネス誌『プレジデント』にも既に見受けられる。本節では、『プレジデント』における経営書的戦記記事の言説史を整理し、そのような戦記の読みの中で戦艦大和がいかに語られていたかを確認したい。

『プレジデント』は、一九六三年に日本初の海外提携誌として刊行開始した月刊誌であり、「ビジネスリーダーの指針となる経営戦略&自己啓発・ビジネスマーケティング情報・リーダー学・海外情報等を提供」[3] するビジネス雑誌として現在まで刊行を続けている。刊行当初は、国内外の業界動向や企業の紹介などが誌面の中心となっていたが、一九七七年新年号より大幅なモデルチェンジが行われる。[4] モデルチェンジ以降、これまでほとんど見られなかった歴史系の特集が数多く組まれるようになる。その内容は、戦国時代や幕末・明治維新、三国志など多岐にわたり、その中の一トピックとして旧日本陸海軍の戦記もたびたび取り上げられるようになる。

一九七七年から一九八九年の間に刊行された一六六号中、旧日本陸海軍が特集として取り上げられたのは一二号、さらに「組織論」や「プロジェクトリーダーの研究」などの特集の中で旧日本陸海軍関連記事が含まれた号が一二号存在する。約六分の一の号で旧日本陸海軍関連記事が掲載されていることから、この時期のビジネス雑誌という領域において、旧日本軍関連戦記は一定の需要があったと推察される。では、この時期なぜビジネス誌の中で旧日本軍の戦記が参照されたのだろうか。またそれらの戦記は、ビジネスマンたちにどのように読まれたのだろうか。

旧軍関連の戦記は、「海軍式マネジメントの研究」(一九七八年六月号)、「男の鍛え方」(一九八〇年九月号)といった特集の中で取り上げられていった。これらの特集からは、旧日本陸海軍という軍隊の何らかの要素を、マネジメントや人材育成といった現代の民間企業経営にまつわる問題の参照項として読み込もうとしている様子が見てとれる。実際、特集内の記事では、「このような方式〔海軍のトップダウン方式〕は、企業経営にも参考となるだろう。組織のトップに立つ者は、組織内の状況を完全に把握していなければ、適切な判断は下せないのだ[5]」、「造船や航空機のエンジンなどの技術的な分野をも含めて、海軍の残した遺産や教訓は決して少なくないので、この際に改めて維新以来の歩みのなかで、海軍兵学校を振り返ってみた[6]」などと述べられている。これらの記述において、軍隊は企業の一種のアナロジーとしてみなされている[7]。そうすることで、旧日本陸海軍の組織原理や行動を、現代につながる教訓として読むことを可能にした。

また、その教訓にも二つのタイプがあることが分かる。一つは旧軍の美点や優れていた点に学ぶという形式である。このような形式ではいわゆる海軍の合理性や「五分前精神[8]」などが称賛された。元海軍主計大佐で住友商事理事の宮坂義一は、海軍の専門職登用のシステムを高く評価しつつ、

海軍において専門職の活躍が可能になったのは、まさに技術科士官の創設とその活用があったからである。現代の巨大企業の経営は、技術を抜きにしては語れない。日本の自動車、家電、カメラなど技術開発型企業では、技術と経営との融合がきわめて有効に作用している。半面、技術革新をないがしろにした企業ではすでに斜陽化が始まっている。このような現実をみるにつけ、技術革新を担当する専門職の地位の確立と、それを可能ならしめる経営との融合が切実になってきている。海軍における各科士官の創設と運用のノウハウは、今後もう一度検討してよいものと信じて疑わない[9]。

と、海軍の優れたノウハウに学ぶことを推奨している。反面、旧軍を他山の石としてその失敗や欠点に学ぶという立場をとる記事も存在した。例えば、龍角散社長の藤井康男は、「軍の組織や運営という者[ママ]は勝敗や戦闘記録によって適否の判定が下しやすいので、よく組織論の引き合いに出される。その意味では、開戦をその本質に反して阻止できず、不利な戦いを戦わざるをえなかった日本海軍の体質の欠点を、さらに研究する必要があるだろう[10]」として、海軍の学歴至上主義や大戦末期の合理性の欠如といった欠点から組織運営の教訓を研究すべきとしている。このように、旧軍の歴史に何を読み込むかという点については書き手によって視点が様々であったが、旧軍が戦後社会に何らかの教訓

や遺産を残したという認識は双方の立場に共通するものであった。

では、『プレジデント』において戦艦大和はどのように語られたのだろうか。同誌では、大和や零戦といった旧日本軍の優れた技術的所産として著名な兵器とその技術開発史も人気の題材であり[11]、しばしば取り上げられていた。大和が『プレジデント』に初めて登場したのは一九七八年七月号の、福井静夫「「技術国日本」のルーツ――零戦・大和を生んだ技術開発力」という記事においてであった。福井は『丸』においても多数の技術解説記事を執筆してきた書き手であるが、『プレジデント』においても基本的には『丸』同様の技術解説を中心とした内容を執筆している。ただし、『丸』では中心的に取り扱ってこなかった海軍技術研究所の研究体制や指導方法を詳細に解説しており、生産における研究、教育の重要性を強調している。この点については、おそらくビジネス論的な文脈を意識してのことと推察される。また、一九六〇年代に福井自身が主張してきたような大和や海軍の技術が戦後の技術発展の礎となったとする主張がここでも繰り返されている。「海軍は技術を基本にし、海軍全体が一大技術集団であった。人材養成にはとくに努力し、わが国重工業の発展をリードした功績は大きい。また、一流人材を擁した海軍技術研究所の仕事は、戦後の技術発展にも大きく貢献した[12]」、「現に、のちに多くの従業員たちが、他の国立研究所や、大企業の研究所で大活躍をしたのである。レーダーに、エレクトロニクスに、カラーテレビに、コンピュータに、そして新幹線の車両、線路、トンネル、橋梁などにも及んでいる[13]」など、一九六〇年代に『丸』で繰り返し主張されてきたような、旧軍技術と戦後の技術発展の連続性が、ビジネス誌という媒体で改めて主張されていたのである。

また、一九八一年には福井同様『丸』の常連であった牧野茂も同誌に寄稿している。牧野の記事も基本的には大和に用いられた設計・建造技術の客観的な解説を行っているが、「〝大砲屋〟たちがそこに賭けた情熱と、そこで具現化した技術は、胸を張って自慢してもいいでしょう。同時にこれは〝大砲屋〟だけでなく、大和をつくった日本海軍の技術陣全体に言えることだと思います[14]」と、現代においても旧軍技術を「誇り」とみなすことができるという主張もなされていた。『丸』と書き手が共通していることもあり、ビジネス誌である『プレジデント』においても、大和は戦後技術発展の礎であり、誇るべき存在として記述されていたことが分かる。

そして一九八八年八月には、同誌において「特集＝戦艦「大和」「テクノロジー王国」の栄光と悲劇」が組まれている。同特集では大和関連の戦記と技術解説記事が概ね半々の割合で掲載されている。特集巻頭において、大和は以下のように評されていた。

あらゆる点で世界造船史上の最高傑作であった。〔中略〕「大和」は独創性のかたまりでもあった。そして「大和」で培った技術が、戦後の経済復興と高度経済成長を支えるのだ。本特集は、その独創的技術にスポットを当ててみた。「大和」は沈んだが、それをつくった技術は今も生きているのである。[15]

ここでも大和を戦後日本の技術的・経済的発展の礎とみなす見方が共有されている。この巻頭のみならず、同特集ではその他の記事でもたびたび同様の言説が登場する。[16] これは、一九六〇年代から一九七〇年代にかけて『丸』や児童書などで語られてきた「大和＝科学技術立国の礎」論と同型のレきる。

トリックであり、このような戦艦大和認識が子どもから大人まで一定程度浸透していたものと推測できる。

ただし、同誌においてはこれまでの大和をめぐる語りとは異なる種類の語りも見受けられた。例えば、戦史研究家の広田一夫による「雄姿を現した驚異の「コスト、ダウン戦艦」」という大和の建造技術解説記事などである。同記事では、大和建造時に用いられた「ブロック建造法」[17]にフォーカスが当てられている点が特筆すべき点である。従来の大和関連の技術解説記事では、設計や主砲・速度といった性能、二枚舵や蜂の巣甲板など大和特有の工夫に用いられた個別技術に言及されることの方が多かった。しかし広田は、ブロック建造法を紹介するに留まらず、本建造法の導入によって工数を削減し、コストダウンに成功したというコスト面からの検証を行っている。このように、建造にかかる工数やコストの面が重視されるのも、ビジネス誌という媒体の持つ関心ゆえのことであるといえよう。

ここまで、一九七〇年代末から一九八〇年代の『プレジデント』における戦艦大和をめぐる語りを概観してきた。以上のことから分かるのは、一九五〇年代から一九六〇年代にかけて『丸』において構築され、繰り返し主張されてきた戦艦大和を戦後日本の技術・経済発展の礎とみなすような大和観が、ビジネス論の文脈において参照されたことで継承されていったということである。一九七〇年代半ば以降、技術的象徴としての大和に対する関心が後景化していく『丸』とは対照的に、ビジネス雑誌である『プレジデント』では、むしろ一九七〇年代末以降に技術的象徴としての大和が見出されていくこととなる。

では、なぜこの時期ビジネスの文脈で大和が見出される必要があったのだろうか。『プレジデント』に大和が登場する一九七〇年代末～一九八〇年代は、これまで日本のリーディングインダストリーであった製造業が停滞し始める時期でもあった。また、モノづくりのトレンドもこれまでの重厚長大から軽薄短小へと変化していき、産業構造自体が変化を余儀なくされた時代であった。さらに日米貿易摩擦をはじめ厳しい国際競争にも晒されることとなる。このような厳しい経済競争の矢面に立つビジネスマンたちにとって、技術的象徴としての戦艦大和は、困難な技術開発プロジェクトをいかにして達成すべきかを教えるものであった。

同時に、自国の過去の技術をノスタルジックに回想することで、自国の科学技術に対する自負を喚起させることにも結びついたのではないだろうか。技術的象徴としての大和の存在は、かつて世界に優越する科学技術を自国が有していたことを思い出させるものである。さらにそれが有形無形に戦後社会に継承されたとすることで、優れた技術の継承者として現在の自分たちを位置付けることが可能となる。ゆえに大和に用いられた技術がいかに優れ、戦後にいかなる優れた貢献をしたかという語りは、産業構造の変化や激化する国際競争という苦境に立たされたビジネスマンたちにとって、学ぶべき教訓であると同時に、彼らのプライドや自尊心を慰撫する言説としても機能しえたのではないかと推察される。

2　技術的象徴としての「大和」の後景化

しかし一九九〇年代に入ると、『プレジデント』においてもほとんど旧日本軍関連特集が組まれなくなる。最も盛んに取り上げられていた一九八〇年代中頃には年間一二号中三〜四回の旧日本軍関連特集が組まれていたが、一九九〇年代に入ると年に一回程度に減少し、特に一九九三年以降は一度も取り扱いのない年の方が多くなる。ただし、この傾向は旧日本軍関連に限ったことではなく、その他の歴史系トピックでも同様の傾向である。その代わり経済の動向や、産業の未来予測、あるいはゴルフやワインなどの社交に関する趣味的な記事など、現在・未来に関する内容が中心を占めるようになる。すなわち、一九九〇年代以降、歴史をビジネスの教訓として参照するという「歴史」の読み方自体が後景化していったといえる。

他方で、軍事雑誌『丸』における戦艦大和の取り扱いも、全体的に一九七〇〜一九八〇年代と同様に低調であった。自衛隊や米軍をはじめとした現代軍事に関する記事の割合が増加しているものの太平洋戦争関連の戦記も一定のボリュームを維持する中で、「大和」「武蔵」「信濃」「大和型」といった関連語句が入った記事は一〇年間で二〇記事程度しかない(18)。ただし、一九九八年五月号では「永遠の巨艦「大和」の戦い」という大和特集が組まれている。これは、おそらく一九九七年に戦艦大和の青焼き設計図が発見されたことが要因として考えられる。一九九七年の六、七月号でも大和設計図関連の記事が複数掲載されていることから、大和に関連する新発見がなされたことで、にわかに関心が高まったものと推測される。しかし、全体的に見れば大和関連特集が複数回組まれ、一五〇記事以上の関連記事が掲載されていた一九六〇年代頃のような関心の高さを維持していたとは言い難い。

その一方で、一九九〇年代後半には、従来の言説とは異なる視角からの新たな言説が登場してもいた。一九九七年に航空エンジニア出身のノンフィクションライターである前間孝則によって『戦艦大和誕生』[19]上下巻が発表される。本書は、元海軍技術大佐・西島亮二の生涯とその仕事に照明を当てたノンフィクション作品である。西島は戦艦大和建艦に際して建造の責任者の大役を担った人物であるが、前間が「西島の果たした役割についてはほとんど注目されることがなく、掘り起こされることもなかった」[20]と指摘するように、大和設計に携わった福田啓二や牧野茂と比して、その業績はほとんど語られてこなかった。前間曰く、西島は戦後の大和ブームをはじめとした懐古趣味的な軍事技術礼賛の論調と距離を置いており、かつ、昔気質の技術者らしくマスコミ嫌いであったために、自身のかつての仕事について語ることはほぼなかった。[21]ゆえに、西島の業績は埋もれることとなったが、防衛研修所戦史室に保管されていた非公開資料「海軍技術大佐(造船)西島亮二回想記録」[22]を前間が発見したことで、その業績が改めて評価されることとなったのである。

前間によって西島の仕事が明らかにされることで、これまで注目されてこなかった戦艦大和建造のシステム面の再評価がなされることとなった。前間が西島の業績として高く評価したのは、材料や金物の標準化、工数管理法といった独自の生産管理法と先行艤装やブロック建造法、電気溶接などの新技術を次々と導入していく先進的な建造法であった。従来の技術的所産としての大和をめぐる評価では、その巨大さや世界最大の主砲など表層的な面での賛美や、艦首の形状や甲板など個別の設計技術に評価が集中してきた。しかし前間は、西島という実質的な現場責任者の仕事を再検証することで、生産性向上や合理化のために考案された生産管理法や建造技術こそ戦艦大和をめぐる科学技術において評価すべき点であることを明らかにしている。

さらに、前間は「「大和」があったればこそ、世界に誇る戦後の日本的生産方式の一つの流れが生み出されたなどといった短絡した見方をするつもりは毛頭ない[23]」と断りつつ、「生産性において世界の先頭に立った日本の合理化あるいは日本的生産方式なるもののルーツを、その時代背景と併せて見きわめておきたい[24]」という執筆動機を述べている。その背後には、戦後日本工業界の「合理化」に対する反省があった[25]。前間は西島の仕事自体は評価しつつも、戦後の日本におけるその帰結については批判的な眼差しを向けた。手段であったはずの合理化自体が目的となってしまっている現在の状況に、前間は技術大国日本の衰退の原因を見たのである。したがって、その反省の過程で、技術大国としての戦後日本の一つのルーツとして戦艦大和建造に用いられた生産システムが参照されたといえよう。このような見方において技術的所産としての戦艦大和は、合理的な生産システムの表象として象徴化された。

3 昭和史の総括における「大和」批判

戦後六〇年が経過した二〇〇〇年代半ば以降、『文藝春秋』や『諸君！』等の雑誌の企画でたびた び昭和史の総括が行われるようになる。総括の中で主要な論点となったのは、太平洋戦争が日本人にとってなんだったのかという点であった。そのような総括の流れの中で、大和の存在も再び見出され、総括されていくこととなる。太平洋戦争前後の昭和史の総括は、半藤一利や秦郁彦といった昭和史・現代史研究家、保阪正康のような作家・評論家といった文化人を中心になされた。さらに、加藤陽子や坂本多加雄ら学界の知識人もときにそこに加わっていた。また、零戦や大和をはじめとした軍事技術が取り上げられる際には、前間孝則や戸高一成といった旧軍技術に造詣の深い作家も登場している。彼らは主にワシントン体制前後から敗戦までの主要なトピックの歴史的背景やその是非を論じ、戦後に至るまでの過程を討論・検討した。そのような議論の中で、大和は旧日本海軍の科学技術開発の代表例として、しばしば引き合いに出される。

昭和史の総括の文脈において、「開戦時は、戦艦大和、零戦、酸素魚雷といった当時の世界レベルで見て遜色のない一流の兵器を持っていた[26]」といったように、大和自体は優れた技術的所産であったことは前提とされつつも、その技術開発の内実については批判的な眼差しが向けられるようになった。例えば、半藤一利は大和建造に用いられた技術の内実について、戦艦大和、零戦、酸素魚雷というものすごい兵器を国産で作ったというのは事実ですが、裏返すと、その中身のパテントはすべて外国製です。〔中略〕国産とは言うものの、技術はすべて欧米のパテントで成立していたんですね。[27]

と、旧日本軍が自主技術と称揚していた技術の多くが、本を正せば英米が発明しライセンスを有していたものであることを指摘する。ゆえに、いわばアメリカの技術でアメリカと戦争をしていた日本から新しい技術が生まれるはずもないと厳しく批判している。また、零戦と大和の戦記・技術開発史を通して昭和史を総括する『零戦と戦艦大和』でも、海軍史研究家で大和ミュージアム館長の戸高一成によって、大和に用いられた技術に独自性の要素が薄いことが指摘されている。

大和で何が一番凄いか、と問われたら、私はあれだけのものを具体的に造り上げることが出来た「現場力」だと思います。大和の技術そのものは、日本でオリジナルに開発したものというよりも、イギリスなどの先進国が生み出した成果を着実に組み上げた要素が強い。

しかし、個々にいくら素晴らしい技術があっても、それを具体的な船としてまとめ上げていくのはまったく別の力が必要とされます。ことに大和は、まさに誰も造ったことのない超巨大戦艦でしたから、現場は常に未知の領域と格闘し続けなければならなかったのです。[28]

半藤や戸高の指摘する旧日本軍の軍事技術開発の非独自性は、一九六〇年代時点において既に牧野や堀ら旧軍技術者自身によって「「大和」の設計と建造は「模倣と拡大」に終始した」と反省されていた。しかし、児童書や映画など大和の外形やスペックを世界一と賛美する戦後の大和礼賛においては、その点はほとんど無視されてきた。このような技術的所産としての大和の非独自性を、戦後の視点から非技術者の立場で批判的に検討した点に、この時期の大和言説の一つの新しさがあろう。

ただし、戸高は同時に大和建造に投入された「現場力」なるものを高く評価してもいる。戸高のいう現場力とは熟練の親方や工員の職人芸や、生産性を向上させる生産技術や管理技術であった。つまり、建艦思想や設計技術といった上層のそれよりも、実際の現場で培われた末端の技術こそが優れていたというわけである。一九九〇年代に西島亮二の仕事を再評価し、大和に用いられた技術として生産・管理技術の優秀性に照明を当てた前間孝則も、「私の見るところ、戦時中の技術が戦後、直接に活用されたケースはそれほど多くはないと思います。むしろ、軍事研究で培われたノウハウや、そこで育った人材の方が重要だったのではないでしょうか。〔中略〕既成概念にはとらわれないでチャレンジしていった精神そのもの。これが零戦、大和の最大の遺産だったと思います[29]」と、ノウハウや人材、精神性といった点を評価している。戸高や前間の大和評価は、従来の大和のカタログスペックや個別技術の戦後への貢献を根拠に、優れた技術的所産である大和が戦後日本に偉大な遺産を遺したとする言説とはいささか異なるものである。これまで称賛されてきた設計や個別技術を批判的に検証し、逆にこれまで注目されてこなかった「現場力」に新たな美点を見出した点に、昭和史の総括という文脈における大和言説の特徴がある。

また、技術の非独自性以上に批判が集中したのが、旧日本軍の技術開発における「標準化思想の欠如」という点であった。文芸評論家の福田和也は、戦艦や航空機など同型艦を量産するアメリカに対し「日本軍の兵器は、合理化や標準化が進んでいなかった」[30]と批判している。さらに「日本人はアイディアはあるし、器用だから非常に凝ったものを作るんだけど、標準化がなされていなくて大量生産には向かないものばかり」[31]、「オーバースペックで製作費が高いために量産できないし、量産効果が出ないので単価は高いまま」[32]と標準化思想が欠如したことによる欠陥を指摘する。また、別の座談会においても、「「標準化」できないというか、「標準化」して生産効率を上げるという考えがなかったのです」[33]と、同様の指摘がなされている。さらに、そのような旧日本軍の技術開発の欠陥は、現在にも引き継がれているとされる。

多品種少量生産に走る傾向は、長い間、日本の家電メーカーなどの〝お家芸〟でした。今でも本当に必要かどうかわからない〝新機能〟を盛り込んだ新製品を、次々に市場に送り出しています。[34]

標準化を志向し、生産効率を上げて大量生産を行うのではなく、マイナーチェンジを繰り返し、独自規格の製品を少数生産する傾向は、旧日本軍の頃から変わっていないという指摘である。この点について、座談会内部ではそれ以上掘り下げられてはいないが、長く続く経済的不況とものづくり大国としての衰退という二〇〇〇年代後半の状況が、このような日本的生産方式への反省を促したと考えられる。オーバースペックで製作費が高く、量産できない、まさに大和はその典型といえる。その意味で、大和は技術標準思想の欠如の象徴的存在でもあった。ゆえに、不況と衰退の中で、技術的象徴としての大和は、負の意味で「科学技術立国」としての日本のナショナルな象徴であり、批判的・反省的に振り返られたのである。

以上のように、二〇〇〇年代における昭和史の総括の文脈でも、大和の技術的評価それ自体は揺らぐことはなく、技術的遺産としてみなすレトリックも引き続き継承されていた。しかし、その評価の力点は、従来大和の評価を裏付けてきた部分ではなく、生産システムや末端の職工たちの職人芸やメンタリティといった点に置かれるようになっていた。また、大和を優れた技術的所産と評価しつつも、昭和史の総括という文脈において批判的に検討することで、これまで局所的にしか問題視されてこなかった独自性の不足や標準化思想の欠如といった点が指摘されることとなった。

このように、旧日本軍の技術開発史を批判的に振り返ることは、科学技術立国・ものづくり大国としての日本の来し方を検証する行為であった。『零戦と戦艦大和』では、戦後六〇年余が経過した当時において零戦や大和を論じる意義について、「零戦と大和を論じることは、戦争におけるテクノロジーと戦略の関係、戦後の「ものづくり大国」に至るまでの苦難の道程、つまり我々日本人の強さと弱さを検証することでもあります[35]」と説明される。この時期、日本人の強さと弱さが検証されなければならなかったのは、やはりバブル崩壊後の経済・産業の低迷という「第二の敗戦」とも表現される状況が影響していたと考えられる。高度経済成長期に世界第二位の経済大国に上り詰めた自国が、なぜ経済競争に破れたのか、この第二の敗戦からいかに復興すべきかを考える上で参照されたのが、「第一の敗戦」である太平洋戦争であり、その敗因の一つである日本の科学技術の欠点であった。ビジネス雑誌において企業を軍隊のアナロジーとして参照するのと同様、戦後の経済競争を太平洋戦争のアナロジーとみなすことで、第二の敗戦を第一の敗戦の経験から理解しようとしたものであるといえよう。

しかし、負の象徴としての側面が見出されつつも零戦や大和は、第二の敗戦後も日本人のメンタリティの拠り所となりうる存在としてみなされてもいた。

零戦と大和の二つがあったおかげで戦後の日本人がどのくらい勇気づけられているか、はかりしれません。そこから幸福感のある物語が生みだされた。優秀な人たちが理工系の道へ進み、アメリカに負けてばかりはいられないという志を抱くようになった。ものづくりの精神は、無形の神話にも支えられるのです。[36]

どんなジャンルであれ、世界一のものをつくりあげたという記憶を持っている国はそう多くはありません。やはり大和、零戦は日本国民が誇るべき歴史的な記憶だと思います。[37]

零戦や大和は、幸福感のある物語の源泉かつ、日本が世界一という自負を抱くことのできる歴史的な記憶であるとされており、第二の敗戦後においても、優秀な技術的主体としての日本人というナショナル・アイデンティティを支える存在として想起されていたことが分かる。ただし、戦後の科学技術立国というプロジェクトが「第二の敗戦」を迎えた以上、世界一の科学技術大国という自負はもはやリアリティを持たず、ノスタルジックに回顧されるばかりである。したがって零戦・大和という誇るべき歴史的な記憶は、この時期、もはや神話でしかなくなっていたともいえよう。

4　科学技術立国ニッポンの負の象徴

一九七〇年代後半から一九八〇年代にかけて、ビジネス雑誌というミリタリー・カルチャーとは異なる領域においても、技術的象徴としての大和が語られていた。国内はもちろん国際的な経済競争が激化する中で、企業を旧日本軍のアナロジーとして捉え、その組織原理や歴史から何らかのビジネスに活きる教訓を得るために、この時期旧日本軍の歴史がビジネス誌上で取り上げられた。大和もそのような文脈の中で参照されていったのである。ビジネス誌においても、一九六〇年代の『丸』同様、大和は戦後日本の技術発展の礎となったとみなされており、ビジネス的な教訓のみならず、ビジネスマンたちの自国技術に対する自負心を慰撫するような言説として機能していたと考えられる。

しかし、このようなビジネス誌における注目も一九九〇年代には次第になくなり、大和の存在自体が後景化していくこととなる。『戦艦大和誕生』のように、新たな視角から大和をめぐる科学技術を再評価する仕事もなされていたが、あくまで単発的であり、全体的な傾向としてはこの時期、社会において大和の存在感はそれ以前の時代に比しても薄れていたものと理解される。

戦後六〇年が経過した二〇〇〇年代半ば以降、文芸誌の企画を中心に知識人・文化人による昭和史の総括が行われるようになる。ただし「昭和史」といっても、そこで振り返られたのは主として日中戦争から太平洋戦争敗戦までの戦時期が中心であり、戦後日本社会の来し方や山積する現在的問題の根底には、戦時期の経験があるという認識のもと、その総括が行われていた。そのような総括の中で、戦艦大和も批判的に検証されることとなる。従来の評価通り大和を優れた技術的所産と認めつつも、その技術に独自性がほとんどなかったこと、標準化の思想や合理性が欠如していたことなどが批判され、大和は戦後日本も含めた、日本の科学技術開発のある種「負の象徴」としての側面も見出されていくこととなる。

第7章　地方における「大和＝科学技術立国の礎」論の展開
――テクノ・ナショナリズム構築におけるローカル／ナショナルの力学

第7章では、大和ミュージアムを中心とした広島県呉市における戦艦大和言説・表象を事例に、一九九〇～二〇〇〇年代の戦艦大和をめぐるテクノ・ナショナリズム言説の、全国的な展開とは異なる展開を見ていくこととする。ここまで、雑誌や書籍、映像メディア等の全国的なメディアにおける戦艦大和表象・言説を分析してきたが、一九九〇年代以降、一地方自治体である広島県呉市において、全国的な展開とは異なる潮流から戦艦大和の語りが創出されていく。そこで本章では、呉市というローカルな共同体における戦艦大和の語りが、いかなる経緯を経てナショナルな言説と結びついていくかを分析し、戦艦大和を拠り所としたナショナリズム言説の構築と変遷におけるローカルとナショナルの関係性を明らかにしたい。

呉市は、広島県西南部に位置し、瀬戸内海に面した気候穏和な湾港都市である。元々農漁村であった呉は、内海で安定した気候条件、三方を山に囲まれた地理的条件から日本海軍の拠点として選出され、一八八九年に「呉海軍鎮守府」が設置された。その後、日本海軍の造機・造船を担う「呉海軍工廠」（呉海軍造船廠と呉海軍造兵廠が併合）が設立され、日本有数の海軍技術開発拠点として発達した。戦後は、旧海軍用地・施設を平和産業に転用し、造船をはじめ日本の重工業の中心地として復興を遂げた。二〇〇五年に安芸郡音戸町・倉橋町・蒲刈町、豊田郡安浦町・豊浜町・豊町を編入し、現在の呉市の体制となっている。

同市にある「呉市海事歴史科学館（通称：大和ミュージアム）」は、かつて海軍鎮守府・海軍工廠を有した海軍の街であり、戦後はその遺産を引き継ぎ造船の街として栄えた呉市の歴史と産業技術を伝えるミュージアムとして二〇〇五年に開館した市立博物館である。展示の目玉に一〇分の一スケール戦艦大和模型を据え、海軍工廠設立以来の呉市の歴史や呉海軍工廠や広海軍工廠で建造された艦艇や航空機の技術資料及び戦争関連資料の展示を行っている。大和ミュージアムは、開館一年で来場者数一六〇万人を数える地方博物館としては他に類を見ない成功を収めた博物館として、呉市の観光拠点ともなっている。

また、大和ミュージアムについては地方博物館の稀有な成功例として観光学、[1]博物館研究、[2]文化論等の分野において分析の対象となってきた。[3]これらの先行研究において、大和ミュージアムはしばしば「旧軍を美化し、ナショナリズムを喚起する」という批判の対象となってきた。本書では、大和ミュージアムが現在の内容で開館に至るまでの経緯及び展示内容の分析を行うことで、ローカルな共同体における活動や事業がいかなる経路を経て「ナショナリズムを喚起する」と批判の対象にすらなるほどにナショナルな言説へと接続していったのかを検討したい。

まず第1節において明治から平成初期までの呉市が、自地域のアイデンティティをいかに構築してきたか、またその中で海軍や戦艦大和はいかに取り扱われてきたかを分析する。次に第2節にて、一九九〇年代以降、呉市の新たなアイデンティティを象徴する施設として博物館構想が具体化していく過程を分析し、その過程でローカルな共同体における取り組みがいかにしてナショナルな意識や言説へと接近していくかを検討する。そして第3節において、大和ミュージアムを中心とした呉市における戦艦大和と造艦技術をめぐる語りを具体的に分析していく。分析を通じて、呉におけるローカルな語りと戦艦大和をめぐるナショナルな言説の布置関係を考察していきたい。

1　呉におけるローカル・アイデンティティの構築と変遷

戦前（明治〜昭和初期）

呉地域は、呉海軍設置までは農業と漁業を主体とする村落であったが、呉海軍設置後、一九一二年には人口一二万人を超える当時の日本有数の一大都市に発展した[4]。人口の圧倒的多数は工廠の職工及びその関係者であり、典型的な生産的労働都市であるといえる。ただし、裏を返せば海軍設置以降の呉市の産業経済は、全面的に海軍と海軍工廠に依存し発展してきたことを意味する。それゆえ、ワシントン軍縮で海軍縮小が実行されると呉市民も深刻な不況、失業問題に直面することになる。この軍縮に伴う不況を契機に、海軍依存への危機意識が顕在化していく。ゆえに、大正末期頃より呉市では「脱海軍依存」が目指され、「産業立市」「消費都市から産業都市へ」というスローガンが掲げられるようになる。

こうして大正末期から昭和初期にかけて、軍港都市としてのアイデンティティとは別に、自立した産業都市としてのアイデンティティが模索されていくが、海軍に依存しない産業都市として自立していくことは、現実的にもアイデンティティの面でも困難を極めた。

この時期の呉市の置かれた状況を象徴する事例として、一九三五年開催の「国防と産業大博覧会」が挙げられる。「国防と産業大博覧会」は元々、三呉線の開通を記念した産業博覧会としてのみ企画されていた。しかし軍縮条約失効後の無条約時代を見据え、国民の国防意識涵養と非常時の認識を呼びかけることを狙う海軍の要請により、展示内容に「国防」が盛り込まれることとなった。海軍の介入により、当初の企画の変更を余儀なくされた呉市ではあるが、「三呉線全通を記念して挙催すべき博覧会とは云へ、その意義と、目的に於ては特色ある何者か(ママ)を取り入れなければならない」[5]として、他都市との差別化を図る呉市固有の特色として海軍や工廠に象徴される「国防」を押し出すことに肯定的な姿勢を示した。

すなわち、呉市側も軍港都市とは異なる産業都市としてのアイデンティティ確立を模索しつつも、他都市との差別化を実現する軍港都市アイデンティティには自覚的であったといえる。ゆえに「国防と産業大博覧会」では、海軍と呉市側の利害が一致し「国防」を前面に押し出すような変更が実現したのである。

結果として、産業のみならず「国防」を前面に押し出したことで、博覧会は大きな成功を収めた。

一九三五年三月から同年五月まで約三ヵ月間の開催期間で七〇万人余の入場を記録している。これは同時期の他都市における産業博覧会と比較すると圧倒的盛況であったとされる。博覧会主催者も「〔他都市の産業博覧会は〕大同小異で特殊性に乏しいものが多かった」一方で、「国防と産業大博覧会」は「時局に相応しい我国防および産業の全貌を展示」したことに成功の鍵があったと分析している。[6] つまり、海軍と工廠を中心に発展してきた「軍港都市」としての呉市の特殊性こそが、博覧会の成功を呼び込んだと認識されていた。

呉という地域で行われる産業博覧会が成功を収めるには産業のみならず「国防」を展示の二本柱の一つとしなければならなかったという事実は、「軍港都市」としての繁栄を享受する一方で、「産業立市」を掲げ脱海軍依存を志向するという同地域のジレンマと、脱海軍依存の達成の困難さを示しているといえるだろう。

戦中〜占領期

戦時体制に突入すると、鎮守府及び海軍工廠を有する呉市は他地域以上にその影響を受けることとなる。一九三七年に大和の建造が開始されると、軍事機密扱いであった大和建造に関する機密保持のため、町全体が防諜体制に置かれるなど市民生活が制限されることとなった。また太平洋戦争開戦後も、鎮守府及び工廠を標的とした空襲に見舞われることとなる。一九四五年の三月から七月にかけて呉軍港を標的として複数回実施された呉軍港空襲をはじめ、一九四五年五月には呉市近隣地域にある広海軍工廠への空襲（広工廠空襲）、同年六月には呉軍港内の呉海軍工廠造兵部への空襲、そして同年七月一日深夜から二日未明にかけては呉市街地への空襲（呉市街空襲）が立て続けに実行された。特に呉市街空襲では民間人一九四九人が死亡し、約一二万五千人が住居を喪失するなど市民生活に甚大な被害がもたらされた。このように呉市は、海軍の存在によって他地域以上に戦争の影響を受けることとなったのである。

さらに、海軍の存在は戦争経験のみならず市民の敗戦経験にも色濃く影を落とした。戦前から産業も雇用も経済も海軍に強く依存していた呉市にとって、海軍の解体は市の存立基盤の喪失を意味した。ゆえに、敗戦の事実は他都市以上の深刻さをもって受け止められたのである。

敗戦という経験は、物理的・経済的損失はもちろんアイデンティティの側面においても影響を及ぼした。敗戦とはすなわち、軍国主義から戦後民主主義・平和主義へというイデオロギーの転換を意味し、これまでの「軍港都市」としてのアイデンティティに揺らぎを生じさせた。呉市をはじめとした旧軍港都市は「軍閥の遺児」として批判的な目を向けられるようになる。そのためこれらの旧軍港都市地域では、「軍港都市」から「平和産業港湾都市」という新たなアイデンティティの構築が追求された。

ただし、その「平和産業港湾都市」という新たなアイデンティティの追求も、旧軍の影響と全く無関係に達成されるものではなかった。むしろ、それは旧軍の残した遺産の上に成立するものであったといえる。この「軍港都市」から「平和産業港湾都市」への転換は、具体的には「旧軍港市転換法」という地方自治法の立法によって進められた。旧軍港市転換法は旧軍施設を無償もしくは低価格で払い下げることを可能にする法律で、一九五〇年に成立した。本法は旧軍港四都市の請願に端を発するが、その中心的役割を担ったのが呉市であった。呉市は立法に向けて「特別法案建議趣意書」を立案し、呉市を平和産業都市として再生建設することを宣言する平和宣言を行っている。[7]すなわち長年の海軍依存を脱却し、平和に寄与する産業都市としての再建が目指されたのである。

厳密にいえば、それも旧軍港市転換法によって果たされるものである以上、あくまで旧軍の残した施設や設備を継承し使用方法を変える「転換」という形でしか実現されえないものであり、その意味で真に海軍依存から脱却が果たされたとは言い難い側面もある。しかし、旧軍港市転換法は呉市住民投票において賛成八万一三五五票、反対三五二三票の圧倒的賛成で受け入れられた。このことはすなわち、呉市における「海軍遺産を継承し、活用する以外に復興の道はないという意識」の存在を意味する。つまり、「平和産業港湾都市」という新たなアイデンティティも、旧海軍の有形無形の「遺産」を継承して追求されるものである以上、海「軍」遺産を活用し「平和」産業を追求するというねじれが内包されるものであったといえる。そしてこのねじれは、海軍の存在によって悲惨な戦禍がもたらされた一方で、海軍が残した有形無形の「遺産」が戦後の発展を支えてきたというジレンマを市民感情にもたらした。[8]

高度経済成長期〜バブル崩壊以後

旧軍港市転換法の施行を機に、呉市でも民間企業の誘致・進出が進行することとなる。一九五八年までには主要企業の進出が完了した。このとき造船、鉄鋼、機械金属、パルプなどの企業が相次いで進出し、占領終結後の呉市は造船・鉄鋼をはじめとした重厚長大型産業を基幹産業として発展を遂げていくこととなる。呉海軍工廠跡地とその設備は、終戦直後にGHQの命を受け呉船渠を開設していた播磨造船所から米国企業であるナショナル・バルクキャリア社（NBC）へと売却され引き継がれた。一九五三年のNBC「ペトロクレ」進水を皮切りに、世界最大級の巨大タンカーがかつて戦艦大和を建造したドックで次々と建造されていくこととなる。日本造船業の躍進に伴い、呉市においても造船王国日本の一翼を担うものづくり産業が集積する臨海工業都市としてのアイデンティティが確立していく。

しかし一九七三年のオイルショック以降、日本は造船不況に見舞われ、造船を基幹産業としていた呉市も大打撃を受ける。造船をはじめとした呉市の主要産業である重工業産業が停滞・沈降する一九九〇年代以降、現状打開のため産業の多様化・経済活性化が模索されるようになり、第三次産業である商業・観光開発が進められるようになる。その過程で「博物館構想」が浮上し、博物館建設を通じて地域の新たなアイデンティティが模索されていくことになる。

一九九〇年代以前の呉市における戦艦「大和」関連モニュメント

博物館構想の実現を通じた呉市の新たなアイデンティティの追求の過程を見る前に、ここで、一九九〇年代以前（博物館構想以前）の呉市における戦艦大和の取り扱いについて概観しておきたい。呉市内には戦艦大和や呉海軍工廠関連の歴史を記念する記念碑、遺構が複数存在する。本書では、これらの記念碑に記された建塔の由来等をもとに、一九九〇年代以前の呉市において戦艦大和建造の歴史がいかに語られていたのかを検討する。[9]

まず、最初期に建立されたのが「噫戦艦大和塔」である。本記念碑は一九六九年八月八日に戦艦大和第三〇回進水記念として、呉大和会によって建立された。「軍艦大和は二十世紀における世界最大最強の戦艦であつて、しかも日本人の手で設計し、呉海軍工廠において、呉市民の力で建造された誇り高き技術の結晶であつたとの見地から〔中略〕もつて、平和を念願しつつ先人苦心の業績をたたえ、また、その悲壮な最期を偲んでこれが霊を慰め、悉くその栄誉を顕彰[10]することが建塔の目的として記されている。本記述からは、一九六九年当時既に呉市内においても戦艦大和を技術的優秀性の象徴とみなす考え方が存在したこと、さらにそれが「日本人」のみならず他ならぬ「呉市民」の力によるものであると考えられていたことがうかがえる。このことから、当時既に技術的優秀性の象徴としての戦艦大和は、少なくとも呉大和会のメンバーにとっては「呉市民」のアイデンティティの拠り所となるものとしてみなされていたと推察される。

「噫戦艦大和塔」が建立された一〇年後に建てられたのが「戦艦大和戦死者之碑」である。一九七九年四月七日に戦艦大和元乗組員とその遺族を中心に結成された戦友・遺族会である「戦艦大和会」によって呉海軍墓地（現：長迫公園）に建立された。戦友・遺族の手によって戦死した乗組員の鎮魂、慰霊、忠勲の顕彰を目的に慰霊碑として建立されており、「噫戦艦大和塔」と異なり、大和艦体建造の技術史的経緯についてはほとんど触れられていない。

戦艦大和を直接に記念するのは上記の二箇所の記念碑のみであるが、呉市内には他にも海軍工廠が存在した歴史を示し、記念する記念碑や記念塔が存在する。例えば「旧呉海軍工廠礎石記念塔」は、一九八二年に呉市によって建立された記念塔で残存する工廠礎石を使用して作られている。呉市が礎石という工廠遺構の一部を用いて記念塔を建塔した目的は「旧呉海軍工廠の面影をしのぶよすが」[11]とするためであるとされる。また一九九二年には、日本海軍によって建設された造船船渠が再開発によって埋め立てられたことを契機に、「由緒ある船渠の一部を記念」するために船渠側壁の石壁の一部を再利用した記念碑が建立されている。本記念碑は終戦直後に旧海軍工廠跡地に船渠を開設し、呉造船所を設立するなどしてきた石川島播磨重工業によって呉市に寄贈されている。

記念碑碑文では、旧海軍工廠船渠について「この船渠で、戦前は戦艦「大和」「長門」を始め幾多の艦船が、また戦後は、世界初の一〇万屯級タンカー「ユニバースアポロ」ほか時代を代表する商船が次々と建造[12]」された歴史が記念されている。

さらに、大和建造時に防諜目的で設置された船渠大屋根は遺構として現物がそのまま保存されており、現在も石川島播磨重工業の後継であるジャパンマリンユナイテッド社の呉事業所として稼働を続けている。これらの海軍工廠記念碑や遺構の建立及び保存は、呉市や呉を長年拠点とする企業によって担われていることから、旧軍港市転換法によりその用途こそ転換されたものの、かつて海軍工廠を有した「海軍と工員のまち」であったという歴史そのものは、公的に保存・継承されるべきものと考えられていたことがうかがえる。

それでも、呉市内における戦艦大和を直接的に記念する関連モニュメントは二箇所のみに留まり、かつ戦艦大和と呉市のアイデンティティの結びつきに言及しているのは「噫戦艦大和塔」一箇所のみである。前章までに確認してきたような全国的な戦艦大和人気を鑑みると、直接的な大和関連のモニュメントや記念施設は必ずしも多いとはいえないだろう。以上のことから、一九九〇年代以前にも戦艦大和及び海軍工廠の歴史を地域の歴史及びアイデンティティとして記念する動きは散発的には見られるものの、本格的に呉市のローカル・アイデンティティの拠り所として戦艦大和が見出されていくのは一九九〇年代以降の博物館構想の具体化に伴ってのことであったと推測される。

2　「大和」はなぜ「呉」アイデンティティの象徴として見出されたのか

博物館構想の変遷

本節では、一九九〇年代に浮上した呉市における博物館構想が「大和ミュージアム」という「大和」の名を冠した博物館とする計画に決定されるまでの経緯から、この時期の呉市において戦艦大和が地域のアイデンティティの象徴として(再)発見されていく過程とその理路を検討する。次頁の年表に、博物館構想の浮上から呉市海事歴史科学館(大和ミュージアム)の開館までの主要な出来事をまとめた。

呉市は一九八〇年頃から、毎年広島県に対して「呉市の都市のアイデンティティを示すものとして、そして経済の活性化を図る観光の拠点として、呉市に「海に関する博物館」が欲しい[13]」と繰り返し要望を出していた。しかし、この時点では海に関する「自然系博物館」として構想されており、戦艦大和はもちろん鎮守府・海軍工廠といった海軍関連の歴史を展示物とする考えは見られなかった。

要請を受けた当時の広島県知事・竹下虎之助は「海や船に関する博物館は既に日本全国たくさんある、そうした中で本当に呉らしいユニークな博物館とはどういう内容であるべきか」検討すべきと

表１　呉市海事歴史科学館建設関連年表
（小笠原（2007）と小笠原／広島大学文書館ほか編（2012）を基に筆者が作成）

年	関連する出来事
1980～	海に関する県立博物館建設要望
1990	構想調査委員会発足
1991	「博物館基本構想――近代造船技術の定着とその発展」がまとまる
1991~	資料調査・収集（福井資料・新藤コレクションの取得）
1993	小笠原臣也市長就任
1994	戦後50周年事業懇談会立ち上げ、「広島県立呉海事博物館構想試案」立案
1995	「大和におもう」シンポジウム開催（以後2004年まで連続開催）、訪米調査、「海事博物館設立構想」策定
1996	広島県より、県立での建設は困難と最終回答
1997	「基本計画」策定開始、呉市議会にて博物館構想が柱として盛り込まれた「第三次長期基本構想及び基本計画」の議決、呉市博物館推進基金設置、1/10大和模型の建造計画が立ち上がる
1998	「呉市海事博物館基本計画」決定
1999	国への要望活動の展開、中曽根康弘元総理大臣に発起人を依頼 呉市海事博物館建設促進協議会設立、テレビ朝日による大和潜水調査 市内にて仮設展示「戦艦大和展」開催
2000	関西ミュージアムメッセ出展
2002	建設工事・管理運営計画策定、市制100周年事業
2003	1/10大和模型建造開始、博物館起工、博物館名称募集
2005	呉市海事歴史科学館（大和ミュージアム）開館

いう助言を行っている。[14]助言をもとに一九九一年、「博物館基本構想」が取りまとめられる。基本構想序文において「呉市は、近代日本の幕開けとともに戦前は軍艦、戦後は石油タンカーと常に造船技術を中心に発展してきました[15]」と、呉市の特徴が軍艦から石油タンカーへとつながる造船技術にあることを説明している。このように、「呉らしいユニークさ」を造船技術に見出したことで、このとき博物館構想が自然系から科学技術系にシフト

していった。さらに造船技術に照明が当てられることで、戦前の呉海軍工廠における軍艦建造にも言及されるようになる。ただし、この時期はまだ「古代の和船から現代の鋼船までの歴史と技術[16]」を展示する構想であり、海軍工廠や戦艦大和をはじめとした近現代史中心の展示のアイディアは示されていなかったという。

現在の博物館展示につながる、近現代の造船技術がテーマの中心に据えられるようになったのは、再び竹下より「『古代からの歴史』と拡げないで、呉はやはり『呉海軍工廠』の造船からの技術に絞ったほうがいいのではないか[17]」と助言を受けたことを契機とする。助言を踏まえて一九九四年にまとめられた「広島県立呉海事博物館構想試案」では、「呉市の近代史をふまえ、呉のアイデンティティを体現した世界に発信できる博物館」という構想が掲げられ、「呉の近代史は海軍とともに歩んだ歴史であり、呉海軍工廠の技術とその影響、さらに工員や市民の生活を展示する」と展示内容が近代史に絞られ、しかもその近代史とは海軍とともに歩んだ歴史であるとして海軍工廠が大きなテーマとして浮上した[18]。取り扱う時期を近代史に限定したことで、「海軍とともに歩んだ歴史」が呉のアイデンティティとして見出されることとなり、これまでの科学技術系博物館の要素に加え、歴史博物館としての要素も加えられることとなった。

歴史博物館としての色彩を強めていく直接の要因は、県立博物館としての実現に向けて、広島県知事の助言を取り入れて構想が更新されていったことであると考えられるが、別の要因として博物館構想が具体的に進展していく時期に呉市長に就任した小笠原臣也の影響にも言及しておきたい。小笠原は、先の助言を行った竹下広島県知事のもと県副知事を務めており、この時期から呉市の県立博物館構想実現に向けて動いていた。一九九三年の呉市長就任後は、博物館構想実現に向けてさらに中心的に尽力し、博物館開館の立役者の一人となる。小笠原は愛媛県松山市助役時代に「松山市立子規記念博物館」建設事業に携わった経験を有し、文化行政に明るい人物でもあった。また、著作においてたびたび「歴史は人を賢くする」[19]という言葉を引用し、歴史を学ぶことで日本民族が世界に誇るべきもの、将来に守り伝えなければならないことを知ることができるという歴史観を示しており、歴史教育への強い関心を示す政治家でもあったことがうかがえる。歴史への関心が強く、博物館設立に意欲的かつ造詣の深い市長が就任したことも、歴史系博物館として博物館構想が実現していくことに寄与した一つの要因であると推察される。

以上のような経緯を経て、一九九五年に策定された「海事博物館設立構想」では、歴史的見地、学術的見地(科学技術分野)、学習(生涯学習)の観点から博物館設置の意義が主張されるようになる。この時点で当初の計画にあった自然の要素が除外され、「歴史と科学技術」というテーマに固まっていった。「海事博物館設立構想」に示された基本方針では「呉の歴史は日本の近代化の歴史といえる。このような歴史的資料を収集、保存することにより、呉の歴史、技術の変遷とともに、平和の尊さを後世に伝えていく」[20]ことが主張されている。

この基本方針を示す文章で特筆すべき点は、呉という一地域の歴史と日本の近代化の歴史を同一視している点と「平和」という文言の登場である。計画が具体化するにつれ、科学技術に加えて歴史的見地が展示内容として重要視されるようになり、呉海軍工廠の歴史、海軍技術の展示中心の内容へとスライドしていった。それに伴い、海軍や工廠を結節点とし、呉の歴史と日本の近代化の歴史を重ね合わせ、呉のローカル・アイデンティティのみならず日本のナショナル・アイデンティティをも表象するような博物館構想へと遷移していることが分かる。

さらにいえば、日本の近代化の歴史をも表象する呉の歴史や技術の変遷を保存・展示することは、地域や国家のアイデンティティを体現するのみならず「平和の尊さ」をも伝えることが期待されている。一九九五年段階で「平和」という文言が登場した背景には、近代史にフォーカスすることで否応なく戦争・軍事に接近せざるをえなくなったことがあると考えられる。現在に至るまで日本国内に軍事博物館がほとんど存在しないことに示されるように、戦後平和主義の下で軍事色の強い催しは忌避されており、それゆえ軍事技術や軍事史を展示の中心とするには、その目的が戦争賛美や軍事的なものの称揚ではなく「平和」と結びつくものであると強調される必要があったと考えられる。

県立から市立へ——国との結びつき

展示構想の変更に伴い、軍事色が強まったことは博物館建設の実現自体にも影響を及ぼした。元々県立博物館としての建設を希望していた呉市の博物館構想であるが、一九九五年以降展示内容が海軍の歴史を含む近代史中心となったことで軍事色が強まり、「軍事色や旧海軍のことが強く出てくると県として正当化できない」と展示内容に関して広島県と呉市が対立することとなる。展示内容について折り合いがつかなかったため、最終的には県立での博物館設立を断念し、一九九六年一二月市議会において呉市独自で市立博物館として建設を進める方針を表明した。

県立を断念したことで、博物館建設にかかる呉市の負担が増大したわけであるが、呉市は市民の負担を抑えるために、県政以外の各界に財政的支援を求める活動を展開していく。ゆえに呉市は、この時期から徐々に国との結びつきを強めていくこととなる。

例えば、一九九九年には総理大臣経験者の中曽根康弘に呉市海事博物館(仮)の建設推進発起人代表を打診し承諾を得ている。その際中曽根から「発起人に防衛庁長官経験者を入れること」「NHK所有の映像資料を活用すること」という助言を受ける。実際この後呉市は、建設推進発起人に広島県出身の防衛庁長官経験者二名に依頼し快諾を得ている。さらにその後も防衛庁及び防衛施設庁との関係は継続し、約一〇億円の助成を受けている。また、展示物の一部としてNHKから映像資料の提供を受ける協力も取りつけている。このように市立博物館としての開館を目指す過程で、政界のみならず官公庁や公共放送といったナショナルな組織との結びつきを強めていったのである。

呉市がナショナルな組織との結びつきを強めていく過程は、同時に博物館に地域のアイデンティティを体現するというローカルな意義のみならず、ある種の「国家的意義」が付与されていく過程でもあった。建設推進発起人名義で出された「呉市海事博物館(仮称)建設推進趣意書」では「呉市及び呉地域を通して我が国の歴史と平和の大切さを認識するとともに、科学技術創造立国を目指す日本の将来を担う子供達に科学技術のすばらしさを紹介する大変有意義な施設であります」[21]と博物館の趣旨が説明されている。すなわち、呉という特殊な歴史を持つ地域を写し鏡に、国家の歴史的アイデンティティや科学技術立国というテクノ・ナショナリズムを認識することができるという国家的意義が博物館に対して見出されていたことが分かる。小笠原は「皆さんから、これは一呉市の事業と考えるべきではない、本来国がやるべき素晴らしい事業だ、したがって広く全国の政財界に呼びかけ、賛同してもらって物心両面から支援してもらうべき」[22]と関係者から助言を得たことを明かしている。この助言の背景にある認識にも、呉市が構想する海軍をめぐる近代史中心の展示について、地域共同体に閉じた意義だけでなくある種の国家的意義が見出されていることがうかがえる。

呉市は以後も資料提供及び財政支援を求めて、国等へ要望活動を展開していく。最終的に呉市は博物館設立に対し、防衛施設庁、自治庁（地方交付税）から補助金約二三億円（防衛施設庁一〇億円、地方交付税一三億円）の補助金を得る。これは博物館建設費用の全体の約四割を占めた。さらに広島県からも約七億円の補助金の交付を受けており、最終的に国・県・その他寄付金が三六億円、市負担が二九億円となった。事業費総額の半分以上を市負担以外の財源から賄えたことからは、国政や官公庁といったナショナルな組織との結びつきを強めるという方針が一定程度成功を収めたと評価することができる。ただし同時に、この方針が結果として博物館の建設意義に地域としての意義のみならず国家的な意義が語られる必要を招いたことも指摘できるだろう。

博物館構想を通じたローカル・アイデンティティの追求と国家的意義との結びつき

ここまで、博物館構想の浮上から戦艦大和を展示の中心に据えた現在の展示内容へと結実していく過程を分析してきた。分析の結果、博物館構想が具体化していくにつれ、展示内容が「自然科学・造船一般」から「海軍・大和の技術と歴史」にスライドしていることが判明した。さらに、その結果として一地方博物館に対し、ローカル・アイデンティティの表象という役割のみならずナショナルなアイデンティティの確認及び強化という国家的な意義もが見出されていったことが明らかとなった。

呉市内に博物館を建設する必要性を内外に訴えるためには、博物館のテーマ及び展示内容が他地域の博物館にはない呉に固有の個性を持ったものでなくてはならなかった。ゆえに博物館のテーマ及び展示内容を決定する作業は、すなわち呉のローカル・アイデンティティの追求に他ならなかった。そうした中で、海洋や古代からの技術史一般という普遍的ないしは抽象的なテーマから、自地域のアイデンティティとして、「海軍と工廠の街」という呉固有の歴史が選び取られ、「科学技術と歴史」を二本柱とした博物館として具体化していくこととなる。そのような過程の中で、戦艦大和に対して「呉や日本の歴史や平和の尊さ、呉が生み出した技術を象徴するものであり、何にもかえがたい展示物」という意義が語られるようになり、呉のローカル・アイデンティティの象徴的存在として展示の中心に据えられていく。つまり、戦艦大和を記念・顕彰することが当初の目的ではなく、博物館の個性として呉のローカル・アイデンティティを追求していく中で「科学技術と歴史」の二本柱が見出され、両者を接続する呉のローカル・アイデンティティを象徴する存在として戦艦大和が見出されたのである。

さらにいえば、呉という地域のローカル・アイデンティティを示すものとして、海軍と戦艦大和という「ナショナルなもの」が見出された結果、ローカルな共同体の歴史と国家の近代化の歴史が同一視されるようになり、呉に建設される博物館に対し、ローカル・アイデンティティのみならず国家的なアイデンティティを確認するという意義が同時に見出されていくこととなる。「呉の歴史は日本の近代化の歴史」という言葉が示す通り、呉海軍鎮守府や呉海軍工廠、そして戦艦大和の建造という事業は、呉という土地に根差した地域の記憶・歴史であると同時に、それらは本来国家的な事業であり、国家の歴史を示すものでもある。ゆえに大和を結節点としてローカルな歴史やアイデンティティとナショナルな歴史やアイデンティティとが一体のものとして結びつけられていったのである。

他方で、呉という一地域に建設される地方博物館に対しナショナルなアイデンティティを確認する場としての意義が見出されていったのは、人・モノ・金のような外在的な要因も指摘できる。博物館建設が県主体から市主体に移ったことで、呉市は財政的支援を求めて政界や防衛庁を中心とした官公庁などのナショナルな組織へ働きかけ、結びつきを強めていった。その最たるものが総理大臣経験者である中曽根康弘を長に据えた建設推進発起人会の存在であり、彼らの発表した趣意書においては「我が国の歴史と平和の大切さを認識」「科学技術創造立国を目指す日本の将来に寄与する」といった「国家的な意義」が呉の博物館に対して期待され、強調されていた。このことは、国として支援を行う以上、呉市内における意義や貢献のみならず博物館の「国家的」意義や貢献が語られる必要があったのではないかと推察される。

このように、一九九〇年代にかけて博物館構想の具体化という作業を通じて呉のローカル・アイデンティティとは何かという問いが追求され、「歴史(＝海軍)」と「科学技術(＝工廠・工員)」が見出された。そしてその両者を結節する象徴的存在として戦艦「大和」が(再)発見されることとなる。海軍や戦艦「大和」というローカルな歴史と結びつきながらも同時にナショナルな存在でもある「モノ」が象徴として見出されたことで、ローカル・アイデンティティとナショナル・アイデンティティとが結びつき、一体化するような状況が生じた。さらに財政的理由による国との結びつきの強化という外在的要因も働き、ローカルの歴史・アイデンティティの表象に対し、ナショナルなアイデンティティの確認・強化という国家的な意義が同時に期待されていくこととなった。

3 呉における戦艦大和の語り

本節では、大和ミュージアム開館に寄与した市事業の一つである「大和におもう」シンポジウム及び大和ミュージアム展示における戦艦大和の語りから、戦艦大和の建艦技術が地域においていかに語られたのか、そして、地域の語りがナショナル・アイデンティティの確認・強化にいかに結びついたのかを検討する。

「大和におもう」シンポジウム

まず、一九九五年に呉市の戦後五〇周年記念事業の一つとして開催された「大和におもう」シンポジウムを見ていきたい。同シンポジウムは本来単年度開催の予定であったが「大変好評で反響があり、市民の間から引き続いて開催を望む強い声があった[23]」ことを受け、民間で「大和を語る会」を結成し、翌年以降も継続的にシンポジウムを開催する運びとなった。当時の市長であり記念事業の主催者でもある小笠原は自著において、本シンポジウムによって「戦艦「大和」を大和ミュージアムの大きなテーマにする意味が裏付けられ[24]」かつ、呉市民の間で大和を展示することに賛成する気運が醸成されたと述懐している。すなわち、本シンポジウムを通じて、市民の間でローカル・アイデンティティの象徴としての戦艦大和の(再)発見がなされたといえよう。

表２「大和におもう」シンポジウム概要（早坂ほか（2003）を基に筆者が作成）

回数	講演者名	講演タイトル	内容・ジャンル
第１回（1995.10.21）	早坂暁、辺見じゅん、田中優子	赤レンガのある風景・呉から——悲しき記念碑と語り継ぐ伝統の鎮魂へ	技術、歴史（近現代史）、戦争記憶継承
第２回（1997.2.14）	猪瀬直樹	世界が見た「大和」、日本が思う「大和」	歴史（近現代史、戦史）
第３回（1998.4.7）	松本零士	大和からヤマトへ——宇宙戦艦ヤマトへの一大飛躍が目指すもの	文化、戦争記憶継承
第４回（1999.11.10）	前間孝則、田中和成、小林敏郎、糸井宏	現代にいきづく「大和」の技術	技術
第５回（2000.10.13）	渡辺宜嗣、西畑作太郎、橋本正美、戸高一成	海底の「大和」に再会して——悲しい記録と鎮魂の祈りを伝えたい	戦争記憶継承、歴史（戦史）
第６回（2001.2.7）	八杉康夫	少年兵の見た「大和」——戦争のむなしさと生命の尊さを訴える	戦争体験、戦争記憶継承
第７回（2002.10.11）	立花隆	「大和」の建造の意味するもの、沈没の意味するもの——戦艦「大和」を振り返る現代的視点とは何か	技術、歴史（軍事史）
第８回（2003.11）※開催日不明	半藤一利	海軍戦略と戦艦「大和」——「大和」から学ぶ歴史の教訓	歴史（近現代史）
第９回（2004.11.27）	社会経済史学会中国四国部会	呉海軍工廠の技術的成果と課題——技術や歴史を考える場としての大和ミュージアムへの期待	技術、歴史（経済史）

全九回のシンポジウムの講演内容及び講演者は表2の通りである。

全九回の講演ではそれぞれ、歴史、戦争記憶の継承、科学技術、戦争体験、文化といったテーマで戦艦大和について様々な角度から語られている。全体を通じて大和に関連した歴史に対する関心が高く、しかも呉地域の歴史ではなく日本史全般への言及が大半を占める。さらに歴史への関心から発展して戦艦大和という歴史をいかに記録・保存し、物語っていくかという戦争記憶継承についても言及されている。歴史に並ぶもう一つの柱として「科学技術」が据えられており、定期的に「科学技術」に着目したテーマのシンポジウムが企画されている(一、四、七、九回)。これらの戦艦大和の技術的側面に着目したシンポジウムでは、大和に用いられた技術の優秀性とそれらの技術が戦後にも継承されたという技術史観が繰り返し確認され、戦艦大和の歴史を現代に参照する意義として物語られている[25]。

講演者は、作家・研究者・技術者・文化人・元大和乗組員などで、その多くが呉市民・出身者ではない点が特徴である。すなわち本シンポジウムは、呉という地域共同体内部から内発的に出た大和物語が語られる場というよりもむしろ、大和に関するナショナルな言説・全国的な言説を呉市・呉市民が受容していく場であったといえる。

「大和ミュージアム」における語り

呉市海事歴史科学館(大和ミュージアム)展示冒頭の「ごあいさつ」では、「呉の歴史と科学技術」を紹介するとしつつ「我が国の歴史と平和の大切さについて認識していただくとともに、科学技術創造立国を目指す日本の将来を担う子ども達に科学技術の素晴らしさを伝え」る博物館を目指すという展望が示されている。[26] この展望は先に見た「呉市海事博物館（仮称）建設推進趣意書」で示された大和ミュージアムの「国家的意義」をほぼそのまま継承しており、呉市の歴史・文化的アイデンティティを写し鏡として日本のナショナル・アイデンティティを確認・強化する場としてのミュージアムという目的意識は開館後にも変わらず引き継がれていたことがうかがえる。

このような大和ミュージアムにナショナル・アイデンティティの確認・強化の意義を見出す語りは、展示冒頭の挨拶のみならず館内展示の随所に見受けられる。例えば、三階展示室「未来へ」には、大和ミュージアム名誉館長による来館者に向けた「未来へのメッセージ」が掲示されているが、これらのメッセージにおいても繰り返し大和ミュージアムの持つ国家的意義に言及されている。大和ミュージアムにはこれまで五人の名誉館長（阿川弘之（作家）、松本零士（漫画家）、的川泰宣（宇宙教育者）、半藤一利（作家）、石坂浩二（俳優））が就任している。しかし、このうち呉市出身者は宇宙教育者の的川泰宣のみである。メッセージの中で「私は「大和」を作ることの出来た日本人や、高度な技術力を備えた工場や技術者があふれていた呉を誇りに思っています」、「呉の人々が作り上げた歴史を学び、科学の力で私たちの未来を切り拓いていってほしい」と呉の歴史、アイデンティティについて直接的に言及しているのも呉市出身者の的川のみであった。対して呉市外出身者のメッセージでは「［大和ミュージアムが］日本の科学技術を後世に伝え［中略］日本人一般に海洋国としての認識を深めてもらうためにお役に立つなら嬉しい限り」（阿川）、「日本人の努力と血と汗と涙の結晶が戦艦「大和」に全部結びついている」（半藤）、「日本の技術力に敬意を抱く」（石坂）といったように、呉市のローカル・アイデンティティや歴史にはほとんど言及されず、ナショナル・アイデンティティの象徴としての科学技術や大和についての言及が主立っている。

これらの大和ミュージアム運営主体より発信されるメッセージからは、ローカルなアイデンティティの表象・確認の場としての役割のみならず、国家のアイデンティティの確認・強化の場としての役割にも自覚的であることが読み取れる。一地方博物館でありながら、そこで示されるのは地域の歴史やローカル・アイデンティティの表象のみならず、国家の歴史やナショナル・アイデンティティの強化につながる表象といった「ナショナルな語り」でもある。しかもそれは運営主体(=語り手)にとって意図せざる結果というわけではなく、館内の展示を通じてナショナル・アイデンティティの維持・強化を図ることは、むしろ運営主体(=語り手)の狙いであるということがこれらのメッセージで明言されているのである。

そして、呉というローカルな共同体にナショナル・アイデンティティの維持・強化に寄与するような「ナショナルな語り」を可能とさせる一つの要素として、「日本の技術の結晶としての「大和」」という戦艦大和言説の存在を指摘したい。

大和ミュージアム館内では、「歴史・技術・未来」というテーマの共通のシンボルとして館の中心に一〇分の一大和模型が据えられており、歴史をテーマにした展示室から現代の造船技術や未来の科学技術をテーマにした展示室へ移動する経路をちょうど架橋する位置に一〇分の一大和模型が鎮座しているという構成になっている。すなわち、ここで大和は「過去と現在」「歴史と科学技術」を橋渡しするメタファーとして見ることができよう。ゆえに、大和ミュージアムにおいて大和は単なる過去に存在した戦艦としてではなく、多重の意味を読み込まれる存在として立ち上がってくる。

実際、館内の展示において大和は、①太平洋戦争敗戦の象徴、慰霊・鎮魂の対象（歴史的象徴）、②呉・日本の技術的優秀性の象徴（技術的象徴）といった複数の象徴性を帯びた存在として語られている。大和ミュージアムにおける大和言説において中心的なのは②の技術的象徴としての取り扱いであり、特に「〔大和は〕当時の最新技術の結晶と言えるものでした。その技術は日本の復興と高度成長を支え現代にも受け継がれています[27]」という技術史観が全体の通奏低音となっている。

一階展示室「呉の歴史」の中央に「技術の結晶としての「大和」」のコーナーが設置され、大和における特徴的な技術が解説されるパネル展示及び映像の上映がなされている。これらの技術紹介のほとんどに「戦後、造船業だけでなく高層ビルなどの建築にも活用されています[28]」、「こうした技術は、戦後約10年で日本を世界一の造船国にし、トップクラスの生産大国になる礎となっています[29]」、「「大和」建造で培われた技術は造船だけでなく、製鋼や建設など様々な分野で現代にも受け継がれているのです[30]」といった技術の戦後への継承が繰り返し言及されている。このような技術的継承性の強調は、戦艦大和の現代的意義を示すことはもちろん、大和を造り上げ、かつ戦後には海軍遺産を継承し軍港都市から平和湾港都市へと転換した街としての「呉」のローカル・アイデンティティを物語る語りである。同時に、これらの技術的継承性が呉地域内に留まらず、日本全体に寄与し科学技術立国というナショナリズムの基盤となったと拡大して語られることで、科学技術に依拠した戦後日本のナショナル・アイデンティティの維持・強化にも結びついていくのである。

大和ミュージアムにおける語りの生産と受容の展開

戦艦大和に用いられた技術の戦後への継承性を強調する技術史観は、呉に特有のものではなく、本書において確認してきた通り、全国的には占領期から既に見られるものである。高度経済成長期には、戦艦大和（を建艦した技術）が戦後復興・高度経済成長の礎となったという技術史観が全国的に一定の支持を得ていたことは既に確認した通りである。すなわち、戦艦大和言説における技術的継承性の強調は、海軍の遺産を平和産業に転換した呉市による内発的な語りではなく、むしろ、一九九〇年代以前のナショナルな言説を呉市が受容したうえで、再解釈・再生産したものであることが指摘できる。

そして、そのように再生産された語りは、展示の一般公開を通じて呉市民のみならず、全国的に受容されていった。大和ミュージアム開館一年目の来場者数は一六〇万人を超え、内訳は呉市内一二・二パーセント、広島県内三二・四パーセント、県外五五・四パーセントと、県外からの来場者数が過半数を占めた[31]。地方博物館として稀有な成功を示すこの数字は、大和ミュージアムの語りの全国的な影響力の高さを示すものであるといえる。

大和ミュージアム開館以前、バブルが崩壊し第二次産業における国際的地位が低下しつつあった日本社会では、大和は「ダメな日本」の象徴としてしばしば言及され[32]、主に一九六〇年代頃に盛んに語られたような「科学技術立国の礎」としての象徴性はほとんど後景化していた。しかし、呉というローカルな共同体が一九九〇年代以前のナショナルな言説を受容しつつ再解釈・再生産することを通じて、「科学技術立国の礎」として戦艦大和をナショナル・アイデンティティの拠り所とみなす言説が再構築された。そしてそれを博物館という形で物語っていくことで、テクノ・ナショナリズムとしての戦艦「大和」言説を賦活させる役割を「呉」というローカルな共同体が担ったといえるだろう。

4　「文化仲介者」としてのローカルな共同体

一九九〇年代、不況によって臨海工業都市としての呉市の地域アイデンティティに揺らぎが生じたことで、呉市では新たなアイデンティティの拠り所として、自地域の軍港・海軍工廠の街という「歴史」が注目されるようになった。そして、過去の歴史である海軍工廠の象徴であり、かつ、戦後の臨海工業都市としての呉が誇る「科学技術」の礎であるとされる戦艦大和が、「歴史」と「科学技術」を結節する地域アイデンティティの表象として見出されることとなった。

戦艦大和を中心に据えた博物館の建設を通して、地域の歴史的・文化的アイデンティティが追求されていくが、軍港都市であり工業都市である呉の歴史とは、「軍事化と工業化」すなわち「日本の近代化」というナショナルな歴史と不可分なものであった。それゆえ、呉において地域の歴史的・文化的アイデンティティを追求し表象する作業は、呉という地域を写し鏡として日本のナショナル・アイデンティティをも再認識し、ナショナリズムを喚起することとも結びついたといえる。そうして大和ミュージアムは、外部からの期待も内面化しつつ、ローカルな記憶やアイデンティティを表象するという目的のみならず、ナショナル・アイデンティティを表象し、ナショナリズムを強化する役割を自覚的に果たしていくこととなる。

ただし、そのようなナショナリズムの喚起や強化と一体化した語りは、呉の人々の持つ海軍や工廠に対する複雑なジレンマを漂白することにつながったことには留意が必要であろう。戦艦大和をはじめとした海軍の遺産をアイデンティティの象徴として肯定的にのみ言及することは、ややもすればかつて脱海軍依存を目指した地域の歴史や、海軍の存在が地域住民に空襲などの戦禍をもたらし、海軍の街であるがゆえの犠牲を強いたにもかかわらず、戦後はその海軍遺産を活用して復興せざるをえなかったというような海軍に対する地域住民の複雑な感情を後景化し、その複雑さを漂白してしまう事態を招く。呉の人々が大和ミュージアムを通じて戦艦大和を地域の象徴として見出し、ローカル・アイデンティティを確認し、それがナショナル・アイデンティティの確認・強化の語りにまで転じていく過程を理解するためには、何が選び取られたかと同時に何が捨象されたかについても留意する必要があるだろう。

さらに、このような呉におけるローカル・アイデンティティの追求とそれに伴う戦艦大和を媒体としたナショナリズム言説の(再)構築は、必ずしもローカルな共同体内部から内発的に掘り起こされたものだけではなく、地域共同体がナショナルな語りを受容し再生産するという形で進行したことが明らかとなった。吉野耕作は戦後日本の文化ナショナリズム構築過程について、知識人や文化エリートによって「生産」された理論が「文化仲介者」によって大衆化し再生産されるという構図を明らかにした[33]。吉野の議論における「文化仲介者」は企業人や教育者といったノン・知的エリートのことを指し、彼らは知的エリートの生産した理論を受容し再解釈することを通じて、文化ナショナリズムの大衆化・再生産に寄与したとされる。

大和をめぐる語りにおいても、当初『丸』をはじめとした全国的なメディアにおいて旧軍技術者たちを中心に「大和＝科学技術立国の礎」論というテクノ・ナショナリズム言説が構築・生産されてきた。書き手となった旧軍技術者たちをある種の知識人・文化エリートと位置付けるならば、彼らの構築した理論を博物館建設やシンポジウムを通じて受容・再解釈した呉の人々は文化仲介者として理解できるだろう。

そして、呉という文化仲介者によって再生産された戦艦大和をめぐるテクノ・ナショナリズム言説は、全国的なメディアとは異なる展開を見せた。一九九〇年代以降「第二の敗戦」を経たこともあり、この時期の大和は「ダメな日本の象徴」という負の象徴としての側面が全国メディアにおいてクローズアップされる傾向にあった。しかし呉における新たなローカル・アイデンティティの構築という作業を通じて、かつて旧軍技術者を中心とした知的エリートが生産した「大和＝科学技術立国の礎」というロジックが受容されていくことになる。そして、そのように受容された「大和＝科学技術立国の礎」論は全国メディアとは異なる文脈で再生産されていった。それは、「ダメな日本の象徴」ではなくむしろ「大和＝科学技術立国の礎」論が本来含意していた、日本の誇るべき科学技術の象徴としての大和像を強調するものであった。

終章　平和日本の礎としての軍事技術
――継承と断絶の二重の論理

本書の目的は、旧軍技術に関する言説の分析を通じて、近現代日本における軍事技術をめぐるテクノ・ナショナリズム言説の構築過程とその特質を明らかにすることであった。本書はテクノ・ナショナリズムの体系的研究としては多くの限界を有する。近現代日本のあらゆる技術分野における言説を取り扱っているわけではなく、軍事技術というごく限られた分野における議論を取り上げたのみであり、軍事技術の中でも「戦艦」「造艦技術」という一分野しか取り上げられていない。しかし、本書は「戦艦」という明治以降の日本の軍事技術開発の花形であった分野における議論を通じて、近現代日本において科学技術に自国のアイデンティティを見出すというナショナルな心性の有り様を理解しようと努めた試みである。ゆえに、終章では本書の知見を整理しつつ、そのようなナショナルな心性の有り様がどのようなものであったかについて、歴史社会学、戦争の記憶研究の観点からも議論を広げていきたい。

1　近現代日本におけるテクノ・ナショナリズムの展開

本書では、明治期から平成までの時空間において、造艦技術及びその技術的所産である戦艦を拠り所としたテクノ・ナショナリズム言説の構築過程と展開を通史的に整理・分析してきた。分析の結果、実際に戦艦建造事業に邁進していた明治〜大正期までには既に、科学技術に依拠したナショナリズムの喚起・強化や優秀な技術的主体としての日本人像が構想されていたことが明らかとなった。また、敗戦後においてもそれらは捨象されることなく引き継がれていた。本書で取り上げた造艦技術をめぐるテクノ・ナショナリズム言説の変遷から、近現代日本におけるテクノ・ナショナリズムの展開について、明治〜大正期を「テクノ・ナショナリズムの創造」、第二次大戦後を「テクノ・ナショナリズムの分岐」に特徴付けられるものとして、その見取り図を描写してみたい。

テクノ・ナショナリズムの創造

第1章・第2章で見てきたように、近代海軍整備の中心的プロジェクトであった自国産戦艦建造事業を通じて、日本海軍は西洋で生まれた近代科学技術を自国に導入していった。その過程で、元来自国の伝統に根差さない近代科学技術を自国のナショナリズムの源泉として見出し、技術的主体としてのナショナル・アイデンティティもまた構想されていったのである。

この時期の日本のテクノ・ナショナリズム言説は、技術後発国という国際的な立ち位置に強く規定されていた。例えば、日本独力での戦艦建造に成功しつつも世界的な水準には劣後していた時期には、技術後発国という不利な立場でありながら世界水準に肉薄する技術的成果を挙げたことを誇示するねじれたロジックが用いられていた。また、自国産戦艦建造事業においては、技術後発国として技術開発を開始したがゆえに、先進国である西洋諸国に肉薄し、さらに優越することが至上命題として追求された。ゆえに、この時期重視されたのは技術開発の競争相手である先進諸国という他者との関係あるいは優劣の序列であった。つまり、この時期の造艦技術及びその所産である戦艦をめぐるテクノ・ナショナリズムは、他者との比較・相対化[1]に基づくものであったといえる。

第1章で確認した通り、実際に戦艦建造事業が進行している時点では、他国との技術的優劣が常に強く意識されていた。自国の科学技術の水準や特徴は、他国との比較や先進諸国との距離によって推し量られ、他者との相対化を通じて国家像や技術的主体としてのナショナル・アイデンティティが認識されていったのである。このように、国際的な立ち位置や他国との優劣が強く意識されたのは、軍事技術という技術分野の性質によるところも大きい。軍事においては、多くの場合あらかじめ仮想敵という形で他者の存在が想定される。もしも実際に戦闘が発生した際に、仮想敵に優越あるいは対抗できるかどうかという点が技術開発の一つの指標となる。すなわち、軍事技術には他者との競争や他者への優越という目的意識があらかじめ内在しているのである。

また、中山が「進歩のパラノイア」という言葉で表したように[2]、科学技術という営みには常に発展や成長を是とする進歩志向が内在している。その存在意義からして他者への優越が目的となる軍事と進歩志向が内在する科学技術が結びつくと、そこには無限の競争が生じることとなるのである。実際に戦艦建造事業においても、国家間の建艦競争という形でそれは表出した。このような国家間の技術競争で重視されるのは、他国と比較した自国の優劣すなわち自己と他者の序列ないしは位置関係であり、逆に自国の技術的伝統や科学技術の歴史的側面はあまり重視されない。したがって技術競争を背景とした相対的なテクノ・ナショナリズムは、自他の序列や差異といった空間的次元が強調されるものであるといえる。

ただし、技術開発競争の優劣に基づくナショナル・アイデンティティは不安定さを伴うものでもあった。常に進歩・発展することを至上の価値とし、他者への優越を目的とする技術競争には果てがなく、たとえ一時的に他国に対し技術的優位に立ったとしても、競争が続く限りその地位が常に維持できるとは限らない。よって他者に優越する科学技術に依拠するナショナル・アイデンティティもまた安定的なものではありえない。そして、このアイデンティティの不安もまた、無限の競争を呼び込むのである。

海軍創設後、西洋から近代科学技術を輸入し初の自国産戦艦薩摩の建艦に成功して以来、日本はワシントン軍縮条約締結まで二〇年余の建艦競争に参画していくこととなる。この国家間の技術開発競争は、技術後発国としての日本の位置を自覚させ、先進諸国に比肩する文明国を目指すというナショナリズムを喚起するとともに、科学技術という指標をもって自国と他国を相対化し、その位置関係に応じた国家像や技術的主体としてのナショナル・アイデンティティを構築し、内面化していく土壌となった。すなわち、日本海軍が自国産戦艦建造事業を推進し、国家間の技術開発競争を繰り広げた時期である明治〜大正期は、科学技術の優劣に依拠したテクノ・ナショナリズムという観念が創造されていった時期であったといえよう。

テクノ・ナショナリズムの分岐

このように、明治から大正期にかけて戦艦建造事業を通じて創造されたテクノ・ナショナリズム言説は、第二次世界大戦敗戦によって社会体制や価値観が大きく転換した戦後日本社会においても捨象されることはなく、継承されていった。ただし、戦前までの形がそのまま維持されたわけではなく、二つの系譜に分岐する形で継承されていったことが確認された。一つは、明治〜大正期同様の相対的なテクノ・ナショナリズムが技術競争のフィールドを変えて継承された系譜、そして二つ目の系譜が、歴史的なテクノ・ナショナリズムの系譜である。

まず、一つ目の系譜から確認していきたい。明治〜大正期にかけて戦艦建造事業を通じて構築されたテクノ・ナショナリズムは、建艦競争の相手国との優劣を基盤とする相対的なテクノ・ナショナリズムであった。このような自他の相対化に基づいてナショナル・アイデンティティを構築していくあり方は、戦後、主として産業分野における民生技術をめぐる言説・表象に引き継がれていた。技術後発国として先進国に追いつくことを目標とし、同等の文明を有する文明国としての国家像を獲得しようとする試みや、さらには、戦艦建造という技術開発を通じて仮想敵国でもある先進諸国に優越する海軍国としてのアイデンティティを確立しようとした企てと、戦後に敗戦国として平和技術による国家の再建を目指し、当時物質的豊かさの象徴であった「アメリカ」に肉薄しようとする試みや、ひいては技術競争や貿易を中心とした経済競争において他国に優越し、技術・経済大国としてのアイデンティティを確立していく過程はある種パラレルの関係にあるといえる。

これらの過程に共通するのは、自己像を確立するために他者の存在を前提とする点である。技術競争における他者との距離感から自国の目指すべき国家像を構想したり、他者との技術的優劣を拠り所としてナショナルな意識を喚起・強化したりするテクノ・ナショナリズムのあり方は双方ともに他者との相対化に基づくものであり、同じ時空間における自己と他者の差異や優劣を重視し、空間的次元を強調するものである。本書の主たる先行研究群である文化論的アプローチによるテクノ・ナショナリズム研究は、この相対的テクノ・ナショナリズムの系譜を明らかにしてきたものであると位置付けられよう。

つまり、軍事から産業へと競争のフィールドこそ移り変わったものの、他国との技術開発競争の序列を基盤とし、自国の国家像や優秀な技術的主体としてのナショナル・アイデンティティを構築する相対的テクノ・ナショナリズムの観念そのものは、戦前から戦後へとそのまま引き継がれたのである。また、他者との無限の競争を前提とする相対的テクノ・ナショナリズム観念が引き継がれたことは、戦前に培われた、常に他者に優越し自己を拡大していくという成長イデオロギーを温存することにもつながった。

しかし、戦後日本のテクノ・ナショナリズム言説には、それとは異なる系譜として展開した領域が存在した。それが本書において主に分析してきた、旧軍技術を自国の技術的伝統とみなし、その伝統と成果を称揚することで科学技術立国としての自国のアイデンティティを確立しようとするテクノ・

ナショナリズム言説である。本書では、この自国の科学技術の伝統を追求し歴史的側面を強調するようなテクノ・ナショナリズム言説を、歴史的テクノ・ナショナリズム[3]として定義する。

歴史的テクノ・ナショナリズムにおいては、他者との優劣よりも自国の過去の技術的成果や伝統の有無、起源が重視される。例えば、第3章にて確認したように、戦艦大和という先人の技術的偉業を現在の時空間における民族の誇りとして見出し、そしてそれを誇示する際には、他者の存在はほとんど意識されず、現在から見た過去という時間軸の方に意識が向いている。また、一九六〇年代以降に見られたような、自国の現在の技術的達成に結びつく伝統や起源を自国の科学技術史の中に見出そうとする見方も同様である。進歩のパラノイアあるいは成長イデオロギーに基づく科学技術観においては、必然的に現在の技術に劣る過去の技術的所産に対しては、あまり価値を見出すことはなされないはずであるが、歴史的テクノ・ナショナリズムにおいては、むしろそのような進歩志向よりも、過去から現在への時間軸における技術的主体としてのネーションの連続感あるいは一体感の方が重視されている。ゆえに、戦前日本の近代科学技術の発達が軍事を中心としたものであった以上、軍国主義的イデオロギーを否定し戦後平和主義を基調とする戦後日本社会においても、旧軍技術開発の歴史は断絶されることなく、むしろ自国の技術的伝統として参照され続けたのである。

このように、明治から大正期に創造されたテクノ・ナショナリズム観念は、二つの系譜に分岐しながら継承されていたことが明らかとなったが、この二つの系譜はそれぞれ完全に独立していたわけではなかった。主として第4章で取り上げた「大和＝科学技術立国の礎」論は、まさに両者が相補的な関係にあったことを示す事例であるといえる。「大和＝科学技術立国の礎」論は、高度経済成長期における民生技術の成功の基盤として戦艦大和建造に代表される旧軍技術の伝統や物的・人的遺産があるとする主張であった。このように戦前戦後の連続性を見出すことで、高度経済成長期における日本の技術的成功は単なる偶発的なものではなく、自国の歴史的伝統に根差すものとして価値付けられた。高度経済成長期における民生技術の優越を拠り所としたテクノ・ナショナリズム言説は、それが他国との競争を前提として構築されたものである以上、常に安定的なものではありえず、不安定さをはらむものである。しかし、歴史的なテクノ・ナショナリズム言説と結びつき、自国の科学技術の伝統の中に位置付けられることで、他者との優劣や比較とは異なるナショナル・アイデンティティの裏付けを獲得することができる。それは、過去の優れた技術的主体である日本人の優れた遺産を継承したのだから、現在の技術的主体としての日本人も優秀であり、その技術的成果にも歴史の裏付けがあるとみなす見方であった。過去の技術的伝統が、現在の優越性を担保するのである。

それと同時に、第5章で論じたように現在の科学技術をめぐる状況が、歴史的なテクノ・ナショナリズム言説に対しても影響を与えていた。「大和＝科学技術立国の礎」論という語りの持つ構造を分析した結果、過去と現在とが相補的な関係を持つ構造が明らかとなった。すなわち、「大和＝科学技術立国の礎」論は、大和が戦後技術の成功を裏付けると同時に、戦後技術の成功が大和の存在意義を価値付けるという相補的な構造を有していたのである。優秀な技術的主体としての日本人というナショナリティが連続性を有するものとして構想される以上、過去は単に回顧的に参照され、誇示・称揚されていくのみならず、現在の状況によって過去の意味や意義もまた変容し、更新され続けていくのである。言い換えれば、戦後日本の科学技術とナショナルな意識とが結びつけられていく過程において、相対的なテクノ・ナショナリズムと歴史的なテクノ・ナショナリズムという二つの系譜それ自体が相互に影響し合う相補的な関係性にあったといえよう。

ここまでの流れを整理すると、近現代日本におけるテクノ・ナショナリズムの展開について、以下のような見取り図を描くことができる。まず、近現代日本のテクノ・ナショナリズム概念の構築と変遷は、「テクノ・ナショナリズムの創造」がなされた時期と「テクノ・ナショナリズムの分岐」が生じた時期とに分類できる。西洋から近代科学技術を導入し、建艦競争という国家間の大規模な技術開発競争を経験した明治〜大正期は、科学技術に依拠したナショナリズムという概念や技術的主体としての日本人というナショナル・アイデンティティそれ自体が創造された時期であった。そして、明治から大正期に創造されたテクノ・ナショナリズム概念は、戦後日本において二つの系譜に分岐しつつ継承された。その二つの系譜とは、一つは「相対的テクノ・ナショナリズム」という技術競争を基盤に、自他の優劣や差異から自国のアイデンティティを確立しナショナルな意識を喚起していくというナショナリズム構築の形式を継承した系譜である。もう一つが戦前までの技術的達成やその所産を自国の誇るべき歴史・伝統として継承し、現在の自国のアイデンティティの拠り所とする「歴史的テクノ・ナショナリズム」の系譜であった。この二つの系譜はそれぞれ独立して成立していったのではなく、相補的な構造を持ち、相互に絡み合いながら「科学技術立国」としての戦後日本のナショナリズムを構築していったのである。

2　技術水準から技術標準へ

ここからは、上記の軍事技術をめぐるテクノ・ナショナリズム言説の成立過程と展開を踏まえつつ、そのような歴史的過程を経て形成された軍事技術をめぐるテクノ・ナショナリズム言説の特質について見ていきたい。

まず、技術的特性の違いがもたらすテクノ・ナショナリズム言説のロジックとレトリックの差異について検討したい。本書は、民生技術中心の分析を展開してきた先行研究の知見とは異なるテクノ・ナショナリズムの側面を析出するため、軍事技術を取り上げた。そして、各章において軍／民の比較軸から軍事技術におけるテクノ・ナショナリズム言説の特徴が見出された。これらの特徴から、軍事技術と民生技術との間には、技術主体や使用目的の違いに留まらず、技術評価の尺度の違いが見られることが明らかとなった。本節では「技術水準」と「技術標準」という軸で両者を分類し、その差異がそれぞれの技術言説・表象をどう規定したかを検討したい。

主に第1章で確認したように、自国産造艦技術の開発を推進していた明治から大正期にかけては、世界最大の排水量や世界最速の速力、あるいは世界最大口径の主砲をはじめ、世界水準に優越する戦艦の建造及びそれを実現する科学技術の開発が追求されてきた。さらに、戦艦が国家全体の文明の象徴とみなされたことで、世界水準の戦艦の建造は、国家の文明水準の向上を追い求めることにも結びついていた。すなわち、戦艦建造をはじめとした軍事技術を評価する尺度として、技術水準が重視されていたといえる。

技術水準とは、技術の発展度合い、または、過去の科学技術活動の蓄積、あるいはその成果として、現在到達している科学技術の水準[4]を指す。さらに技術水準を測り評価する見方には大きく分けて、絶対的技術水準と相対的技術水準の二通りがある。絶対的技術水準は、技術の歴史的過程や発展段階に依拠した絶対的基準に照らし合わせて評価する見方である。対して相対的技術水準では、特定の技術について諸企業間、諸産業間、諸国家間などとの相対的比較で評価が行われる。自国の技術の発達度や競争相手との比較からその価値が推し量られてきた軍事技術は、技術水準を技術評価の主たる尺度としてきたと考えられる[5]。

本書で分析してきた造艦技術をめぐる言説は、技術水準の高低を自国の科学技術の評価尺度として重視してきたものと理解できる。しかし、技術水準を尺度とする上で絶対的技術水準と相対的技術水準のどちらが重視されてきたかについては、時期によって異なる。明治～大正期にかけて実際に戦艦を建造し、各国と建艦競争を繰り広げていた時期には、建艦競争における国家間の技術的成果の比較から自国の技術水準の高さが誇示されており、相対的技術水準が重視されていたといえる。一方、戦後の戦艦大和言説においては、相対的技術水準よりも絶対的技術水準が前景化していたと見ることができよう。

戦後の水準から見れば過去の遅れた技術的産物であるはずの大和を優れた技術的所産として評価できるのは、技術の歴史的過程や発達段階を踏まえて、一九三〇年代当時の技術的到達点として優越したものであったとする絶対主義的な尺度が用いられるためである。もちろん、そのような絶対的技術水準に基づく評価の裏付けとして「世界最大の排水量」「世界最大口径の主砲」といった他国の戦艦と比較した言説が用いられてもいた。この点については、技術水準に基づく自国産技術の誇示・賛美の語りにおいて、相対主義と絶対主義のどちらの側面がより重視され、前景化するかという問題であり、必ずしも特定の技術評価においてどちらかの尺度のみが用いられていることを意味しない。[6] 戦後の大和を評価・賛美する多くの言説の主眼は、あくまで一九三〇年代当時に大和のような優れた戦艦を造り上げるだけの科学技術水準に自国が到達していたという点に置かれており、他国との相対化以上に自国の技術発展の歴史的過程や発達段階の水準が重視されていた。いずれにせよ、造艦技術をめぐるテクノ・ナショナリズム言説においては、技術水準によって自国の科学技術の優劣が測られていたといえよう。

他方で、産業分野の民生技術はいかなる尺度で評価され、その価値が誇示されてきたのだろうか。もちろん、家電や自動車、電機・電子産業などの民生技術においてもマクロ・ミクロ双方のレベルにおいて技術水準が測られ、評価されてきた。しかし同時に、技術水準とは異なる尺度で自国の技術的成果を評価し、誇示するような語りも確認できる。社会学者の伊東章子は、一九六〇年代の家電広告では「日本の科学技術は広告の中で軽々と世界中の「国境」を超える存在でもあった」[7] ことを指摘している。なぜなら、特に一九六〇年代後半の家電広告では「〈日立〉には国境はありません」や「消えた国境線」といった日本の科学技術に普遍的価値を付与するレトリックが存在していたからである。[8] すなわち、この時期の家電広告においては、日本の技術的所産が外国に輸出され、世界中で用いられることによって、日本の科学技術ひいてはそれに象徴される「日本人・日本文化」が普遍化されていくという構想が示されていたといえよう。このような自国の科学技術の普遍化を志向する構想において、科学技術は、発達度や競争相手との優劣といった技術水準の向上だけではない、別の尺度による評価が追求されていくこととなると考えられる。その尺度こそ、技術標準という考え方である。

産業分野における自国の科学技術の普遍化は、自国あるいは自社技術が市場でシェアを獲得していくことによって果たされるものと考えられるが、その際しばしば問題となるのが自国・自社技術がその分野の国際標準となりうるかという点である。国際標準とは、製品の品質、安全性、寸法、試験方法などに関する国際的な取り決めのことを指す[9]。本来標準化の目的は、互換性の確保や生産効率の向上、技術の普及、品質・安全性の担保などである。しかし、自国・自社で開発した技術が国際標準となり世界的に受け入れられたならば、技術的先行者として市場で優位に立てることなどから、各国・各企業は自技術の国際標準化を推進することとなる。そこには自国・自社技術を標準として採用させるための国家間・企業間の標準化競争が生まれる。つまり自国の科学技術の普遍化という企ては、単に高水準の技術開発を行うだけでは達成されえず、技術の標準化と不可分の関係にあるといえる。したがって、市場を通じて自国の技術を普遍化しようとする企て、ひいては技術の普遍化を通じて「日本人・日本文化」を他者に認めさせようとする企てにおいて、科学技術の評価は、その水準のみならず、国際的に標準となりうるかどうかが追求されたと考えられよう。

では、なぜ造艦技術をはじめとした軍事技術と民生技術との間にこのような技術に対する評価尺度の差異が生じたのだろうか。まず、第一に考えられるのが軍事技術全般の技術特性の影響である。軍事技術、特に本書が事例として取り上げた造艦技術は原則としてオートクチュールの技術であるといえる。戦艦をはじめとした艦艇は、建艦政策や用兵側の戦略・戦術思想に則り設計、建造される。そしてその建艦政策や戦略思想は、個々の国家の置かれた地理的条件、経済的条件、産業・工業的条件などに制約される。したがって、実際の技術開発も個々の国情に沿ったオートクチュールの技術が要求される。また、そもそも軍事技術開発の目的は、原則として他国に対し武力的な優位に立つことである。例えばイギリスは、建艦政策を含む海軍整備の方針として海軍力二位と三位の国家の合計海軍力を上回る海軍力を整備する「二国標準主義」を採用し、常に他国より優位に立とうと試みた。このように、原則として他者への優越が第一目的となる軍事技術開発において、技術は普遍化＝標準化よりも、他者に優越する高水準を追求し、差異化を推し進める方向へと進展すると考えられる。

さらにいえば、これは特に戦艦に顕著な特徴であるが、軍事技術の水準が単にその国の武力を示すに留まらず、国家そのものの軍事力・工業力・科学力・経済力といったパワーを総合した文明の水準とイコールであるとみなされていたことも要因として指摘できる。第1章で見てきたように、大正期において技術後発国であった日本が戦艦を自国で建造するという事態は、先進国を自認する西洋諸国にとって「猿が家を建てるようなもの」として受け止められた。その含意は、後発国にそのような高度な文明が存在するはずはないという驚嘆と侮りであった。言い換えれば、日本のみならず世界的に「戦艦」という存在は、国家のあらゆる力が注がれた「文明の象徴」であるという共通認識があったといえよう。つまりこの時期、戦艦は科学技術をも含む国家の文明の水準を示すものとして捉えられた。ゆえに、戦艦を評価する上でその水準の高低が重視されたと推察される。

しかしながら、歴史的経緯を踏まえると、軍事技術の評価における技術水準の重視は、軍事技術全体の傾向というよりも、むしろ、旧日本軍個別の事情がより深く関与していたと考えられる。第6章で確認したように、二〇〇〇年代半ば、大和に用いられた科学技術とその建造プロジェクトが批判的に検証される中で、旧日本軍の標準化思想の欠如が指摘されていた。その批判の要点は、日本海軍は大量生産に向かないオーバースペックの戦艦を多品種少量生産しており、そのことが生産効率の向上を妨げたというものであった。そして、そのような日本海軍の技術開発のあり方は、組織的な合理性の欠如を示すものであると批判された。つまり、軍事技術においても技術を標準化し大量生産を行うという方向性は存在したにもかかわらず、日本はそれを選択しなかったことが後世に批判されているのである。確かにアメリカなどは、自国内で同型艦を大量生産する建艦方針をとっている。

したがって、軍事技術開発においても標準化への志向自体は存在していたといえる。ゆえに、旧日本軍の軍事技術、とりわけ戦艦において技術水準が追求されたのは旧日本軍個別の事情の方に関連づけられるものと考えられる。そもそも、第1章で確認した通り、日本海軍が艦艇の大量生産の方向に舵を切らなかった(切れなかった)のは、当時の日本の置かれた状況や諸条件を踏まえた上でのことであった。対米戦争を想定した際に、経済的条件や資源不足から量的優位をとることは困難と判断した日本海軍は、個艦優越を追求することを選択する。質の向上・優越により量の不利をカバーするという発想であり、この質的優越で量的な不利を解消するという発想が、標準化ではなく技術水準の重視に結びついていったと推察される。

他方で、前節で確認したように、他国との技術的優劣の比較から自国のアイデンティティを見出していく相対的なテクノ・ナショナリズム言説は、戦後主として民生技術をめぐる言説の中に継承されていった。アメリカをはじめとする先進諸国と同水準となることを目指し、さらにはそれらに優越しようとする戦後の試みは、明治から大正期にかけて行われた戦艦建造事業でなされたのと同じく、相対的技術水準の追求であった。このような追求の中で、先行研究が明らかにしてきたような科学技術大国としてのナショナル・アイデンティティが構築されていった。

その一方で、民生技術分野においては技術の標準化、特に国際技術標準化が同時に追求されるようになる。利潤の追求を第一義とする産業分野における技術開発においては、市場におけるシェアの獲得が重視される。先に見たように、市場におけるシェア獲得という観点において、技術標準化は各国・各企業にとってその本来の目的に留まらない重要な意味を持つものであった。したがって、各国・各企業は戦略的な国際技術標準化を推し進めていくこととなる。つまり、戦後の民生技術開発においては、国際市場におけるシェアの獲得による利潤の追求という産業分野特有の目的意識から、技術水準の向上を目指すことはもちろん、技術の普遍化も同様に重視されるようになっていったといえるだろう[10]。

造艦技術をはじめとした軍事技術をめぐるテクノ・ナショナリズム言説においては、絶対主義と相対主義の違いはありつつも、一貫して技術水準が重視されていた。それに対し、産業分野の民生技術をめぐるテクノ・ナショナリズム言説では、技術水準に基づく自国産技術の優秀性や独自性の誇示が行われていた一方で、ある時期から自国産技術が国際標準となりうるか否かが重視されるようになっていった。であるならば、本書で記述してきた近現代日本のテクノ・ナショナリズムの展開は、技術水準のテクノ・ナショナリズムから技術標準のテクノ・ナショナリズムへの移行過程として見ることもできるのではないだろうか。本書で主に取り上げてきた旧日本軍による造艦技術をはじめとした軍事技術開発においては、その個別的事情から技術の標準化よりも一貫して技術水準の高低のみが意識されてきた。しかし、戦後の産業分野における民生技術においては、技術水準で他国と優劣を競うのみならず、日本企業の技術が国際標準となることが目指されるようになる。

つまり、技術水準とは異なる競争のフィールドが戦後の民生技術開発には用意されたといえよう。であるならば、科学技術に依拠したテクノ・ナショナリズムもそこで新たな展開を見せるのではないだろうか。その一つには伊東が指摘したような、貿易・為替自由化によって国際競争に日本企業が本格的に参入していく一九六〇年代後半に見られるようになった、技術の普遍化による科学技術立国の実現というレトリックの登場が考えられるだろう。また、国際技術標準化という技術水準とは異なるルールや尺度で競われる技術競争において、日本という国家や日本企業がどのような立ち位置に置かれたのかという点もテクノ・ナショナリズム言説に影響を与えうる要素となるだろう。

本書はあくまで造艦技術を主とした旧軍技術をめぐる言説の分析を行うものであり、民生技術をめぐる展開についてはその可能性を指摘するに留める。しかし、以上の考察から、造艦技術をはじめとした旧軍技術をめぐるテクノ・ナショナリズム言説は、一貫して技術水準に基づいた言説であることが明らかとなった。また、特に戦後において絶対的技術水準が重視されたからこそ、造艦技術そのものは過去の技術となった後でも、かつての自国産技術の歴史的過程や発達段階を示すものとして、戦後日本においても参照され続けたと考えられる。

3　継承と断絶の二重の論理

旧軍技術をめぐるテクノ・ナショナリズム言説では、軍事技術における「軍事（＝目的）」と「技術（＝方法）」を切り離し、後者のみを称揚し前者を透明化する論理が頻繁に用いられてきたことを、主に第3章・第4章で示した。本書ではこの論理を「継承と断絶の二重の論理」と名付け、旧軍技術をめぐるテクノ・ナショナリズム言説の特質の一つとして取り上げたい。

本節においては、この「継承と断絶の二重の論理」がなぜ用いられる必要があったのか、このような論理をもってして旧軍による軍事技術開発の歴史が語られたことで何がもたらされたのかを考察する。そして、この点を論じることを通じて、ナショナリズム言説の問題に留まらず、テクノロジーとナショナリズムとが結びついていく過程で戦争や軍事の歴史がいかに意識されたか、すなわち戦争の問題系がどのように読み込まれていったかを検討したい。

まず、軍事技術の「目的」と「方法」とを切り分ける論理によって継承されたものについて考えてみたい。各章で明らかにしてきたように、戦後日本社会においても旧軍技術開発の歴史は自国の技術史上の発展過程に位置付けられ、その技術的所産は自国の誇るべき成果として継承されていた。戦後的価値観のもとで戦前の軍国主義を思わせるものが捨象されていく中でも、旧軍技術開発の歴史とその成果は自国の歴史的伝統として戦後社会に位置付けられていったのである。さらに、旧軍技術開発の歴史が継承されたことで、明治から大正期までに構築された技術水準の優越性を基盤としたテクノ・ナショナリズム概念もまた戦後社会に引き継がれていくこととなる。戦後民生分野において、自社・自国の提供する規格が技術標準となり市場を支配することを目指し、各国と技術競争・貿易競争を繰り広げていったわけであるが、そのような市場のシェアを獲得・拡大していく中で「科学技術大国」という戦後日本の自意識も醸成されていった。しかしその一方で、旧軍技術開発の歴史を回顧し、その成果を評価していく言説においては、技術標準ではなく技術水準の優越性を根拠に日本という国家の優秀性を誇示するテクノ・ナショナリズム言説が戦後においても再生産されていた。それは、戦艦が国家の技術水準の象徴となるという価値観が継承されたがゆえのことである。

そして、そのような旧軍技術開発の歴史の継承は、旧軍技術が戦後の技術発展の基盤を用意したとみなす技術史観に基づいてなされていったのであった。戦艦大和をめぐる戦後の言説に代表されるように、旧軍が残した物的・人的遺産や技術的伝統が戦後平和技術に転じ、その発展に寄与したとみなされることで、旧軍技術の伝統は戦前戦後で断絶することなく継承された。それは、軍事／民生とその使用目的は異なっていたとしても、純技術的な文脈において両者は連続性を有するものであるという前提の下で成立するものであった。

このようにして、旧軍技術の歴史と成果とが戦後社会でも参照され、継承されなければならなかったのは、以下の要因によるものであった。まず、敗戦直後においては敗戦によって自信を喪失していた敗戦国民たちを鼓舞し、毀損されたナショナル・プライドを回復するための新たな「民族の誇り」として旧軍技術の歴史と成果が参照されたのであった。伊藤正徳がかつて記した「『大和』『武蔵』が沈んだからといって、その造艦の誉れは沈まない」のような、たとえ戦争に負けたとしても造艦技術に代表される優れた科学技術を有していたという事実、そしてその優れた科学技術の伝統自体が失われることはないという物語は、敗戦国民の心を慰撫し、かつて優れた民族であったのだから、優れた民族として必ず再興できるとする自信を回復させることに寄与した。ゆえに、当時の人々は民族の黄金時代の象徴としての戦艦大和物語を求めたのである。同時に、そのような語りはかつて軍事技術開発に従事した旧軍技術者たちの欲望と職業意識によって編まれていったものでもあった。彼らは敗戦によって宙吊りとなった自分たちの仕事の再評価と技術者としての職業意識から、知識や技術の継承を求めて積極的な言論活動を展開した。つまり、両者の欲望の結びつきが、旧軍技術を自国の優越性の象徴として継承することにつながったといえよう。

では、そうして旧軍技術の技術的成果が戦後に引き継がれた一方で、断絶したものは何だったのだろうか。第3章及び第4章で確認されたように、旧軍技術の技術的成果やその遺産を戦後社会において肯定的に評価し、継承するためには、軍事技術の開発目的、すなわち「軍事」が透明化される必要があった。旧軍技術の所産を民族の誇りとし、その遺産が戦後にも引き継がれているとする言説においては、戦艦や戦闘機がいかなる目的で開発され、いかなる戦場で用いられたか、そしてその結果何がもたらされたのかという点がほとんど透明化され、純粋なテクノロジーにのみ関心が向けられる。その結果、旧軍技術をめぐる語りにおいて、軍事技術に結びつく戦争の記憶が断絶していったのである。

そして、本来軍事・戦争を目的に開発される軍事技術について、そのような軍事と技術とを切り離す語りを可能にしたのが、科学中立論的な科学技術観であった。科学中立論は、科学技術を没価値的・中立的な存在とみなし、仮にその結果に善悪が生ずるとするならば使用者たる人間の問題であるとする立場をとるが、このような立場においては、技術開発の責任やもたらした結果の善悪はすべて使用者の政治的傾向やイデオロギーに還元され、技術開発自体の是非や科学技術がもたらした結果に対する科学技術自体の責任への評価や反省がややもすると遠ざけられてしまう傾向にある。本書で主な分析の対象とした軍事雑誌『丸』においても、戦争自体は否定しつつも、兵器開発を行うことの是非や科学技術の軍事主義への傾倒自体について、兵器メカニズムを趣味的に愛好する文脈の中で批判がなされることはほとんどなかった。こうして、科学技術を中立的なものとみなすことで、軍事技術における軍事と技術とが切り離され、純技術的なエピソードのみが継承されていったのである。

戦後日本において、旧軍技術がこのような形で語られなければならなかったのは、戦後的価値観、特に戦後平和主義と衝突しない形で旧軍技術を評価し、自国の技術的伝統に位置付けるためであった。戦後平和主義の下では、戦争はもちろん武力の行使・保持も否定され、戦前の軍事主義を思わせるものは、先の大戦への反省の名の下に退けられていった。そのようなイデオロギーと衝突しない形で旧軍技術を物語り、戦後を生きる人々に受け入れられるためには、軍事という技術開発の目的を透明化し、そこに用いられた技術だけが平和技術に転用可能な価値中立的な存在として漂白される必要があったのである。

阿部は、戦後日本という時空間において「日本的なもの」「ナショナルなもの」を肯定し、追求することは反動的であるとして抑圧されたが、その一方で「科学技術立国」の追求はその抑圧の代償として機能しえたことを指摘していた。そして、このように科学技術が非政治的な次元として「ナショナルなもの」を追求できる領域とみなされたのは、戦後科学技術立国という理念において目指されたのが、軍事技術ではなく「戦後理念である平和や民主主義を実現〔するための〕非軍事＝民生技術の促進」[11]であったためであるとする。しかし、本書において明らかにしたように、平和や民主主義を実現するための科学技術開発においてナショナルなものが追求されていく中でも、軍事技術開発の歴史自体が必ずしも否定され、捨象されたわけではなかった。むしろ旧軍技術開発の歴史とその遺産は、「科学技術という非政治的次元におけるナショナルなものの追求」を支持・強化する裏付けとして参照されていたのであった。すなわち、非政治的な次元でナショナルなものを追求するために民生技術が見出されていく一方で、政治的次元として軍事技術が退けられたわけではなく、軍事技術すらも軍事・戦争の透明化という断絶の論理によって漂白され、非政治的次元へと仕立て上げられていったといえよう。

　このようなレトリックが用いられたことによって可能となったのは、戦後民主主義及び平和主義を基調とする戦後日本社会においても、旧軍技術を自国の技術的伝統として位置付け、肯定的に評価することであった。戦後的価値観に沿えば、旧軍技術は戦前の軍事主義への傾倒を思い起こさせる「呪われたもの」であり、それを肯定することは反動的であった。しかし、旧軍技術における目的と方法が切り離され、軍事・戦争が透明化されることによって、旧軍技術を肯定的に評価し、ナショナル・アイデンティティの拠り所とすることができるようになったのである。

　ただし、そのように掬い上げられたものがある一方、軍事・戦争が透明化されたことで捨象されたものの存在も指摘できよう。第一に指摘できるのが、旧軍技術をめぐる言説における「死の不在」である。戦艦をはじめとした兵器の言説・表象を通じた「カッコいい」戦争の語りにおいて、血生臭い人の死や戦死者の情念といったものが忘却されてきたことについては、いくつかの先行研究で既に指摘されている。[12] 本書で分析してきた戦艦大和のメカニズムをめぐる言説においても、兵器を「悪魔の道具」と認識しながらも、それを「抜きにして」メカニズムを賛美し、肯定的に評価する語りが支配的であった。兵器から戦争を「抜きにする」には、その兵器によってもたらされる生々しい人の死は漂白されるよりほかない。そして、そのような「死の不在」は軍事技術の加害性をも透明化する。漂白された人の死には、自国の戦死者のみならず、その兵器によって殺傷された他国の人々の死も含まれるからである。兵器には否応なく人の死が介在するという事実を「抜きにする」レトリックは、兵器が、あるいはそれを造り上げるテクノロジーが他者を加害しうる(した)という事実からも人々の目を逸らすように作用する。

さらにいえば、科学技術という営為の責任もそこでは問われることがなかった。本書で確認してきた戦艦大和をめぐる言説では、アメリカとの科学戦に敗北したことで戦争にも敗北したという意味においての科学技術の責任は反省されたが、そもそも軍事技術開発を推進したこと自体への反省及び自らの開発した技術がもたらした死や破壊についての反省はほとんどなされてこなかったと言ってよいだろう。戦艦大和をめぐるメカニズム言説構築の中心を担った旧軍技術者たちも、大和が拡大と模倣に終始した産物であったことや、大和の沈没に結びついた技術上の問題点について反省を口にすることはあっても、大和を建造したことや技術者として軍事技術開発に加担したこと自体への反省についてはほとんど言及していない。このように、旧軍技術のテクノロジーやメカニズムが戦後社会の基盤を成すものとして継承を志向される一方で、むしろそのような継承を志向するがゆえに断絶し、捨象されねばならなかったものが、大和をはじめとする旧軍技術をめぐる言説の背後には存在したのである。

戦後日本社会において、旧軍技術が自国の優れた科学技術の象徴とみなされ、ナショナル・アイデンティティの拠り所として機能するには、軍事技術における目的と方法とを切り分け、後者のみに注目して前者を透明化する「継承と断絶の二重の論理」が用いられる必要があった。この点を解明したことは、戦後日本における旧軍技術をめぐるテクノ・ナショナリズムのロジックやそれを成立させるレトリックを析出するのみならず、テクノロジーの文脈において、戦争・軍事の問題系がどう読み込まれたかという点についても新たな知見を提供しうるだろう。第二次世界大戦前後を対象とした従来の戦争の記憶研究では、これまで戦争体験をめぐる記憶の探求や戦争体験者の思惟の内在的な分析に関心が向けられてきた[13]。また、メディアにおける戦争表象を多角的に分析するメディア研究にも厚い蓄積がある。これらの研究では、いかなる記憶がいかに語られ、継承されてきたかという点の解明がこれまで試みられてきた。

しかし、これらの先行研究においては、戦場体験や戦災の記憶に主眼が置かれてきたために、本来戦争の構成要素の一つであるはずの軍事技術をめぐる記憶や思惟がこれまでほとんど前景化されてこなかった。それにより、テクノロジーの文脈において戦争の記憶やその問題系がいかに参照されてきたかという点が見落とされてきたといえる。そしてその欠落は、戦場経験や戦災の記憶を継承しようとする論理とは異なる戦争の記憶の継承と断絶の論理の存在の見落としを招くものである。戦場・戦災の記憶の議論においては、戦死者の追悼や悲惨な経験を繰り返さないための教訓としての継承が志向されてきた。しかし、本書で見てきたように、テクノロジーの文脈においては、テクノロジーやメカニズムそのものは「良いもの」「優れたもの」として記憶され、継承が目指される。その一方で、テクノロジーやメカニズムそれ自体、あるいは、テクノロジーに表象される科学技術立国としての自国のアイデンティティやプライドの継承を志向するがゆえに、その継承を挫くような死者の存在や悲惨な経験は忘却されていったのである。

戦後日本の旧軍技術をめぐるテクノ・ナショナリズムは、この継承と断絶の二重の論理によって成立してきたといえる。明治以来一貫して科学技術による立国が目指され、科学技術の発展を国是としてきた日本において、優れたテクノロジーやメカニズムは、日本という国家や日本人という民族の優秀性を示す象徴的存在であり、ナショナル・アイデンティティやナショナル・プライドの源泉として機能してきた。ゆえに、たとえ戦後平和主義的価値観と対立するとしても、優れた技術開発の歴史とその象徴である戦艦大和をはじめとした旧軍技術の存在は、継承が欲望されたのである。

しかし実際には、旧軍技術開発の歴史は、戦後的価値観と真っ向から対抗したわけではなく、むしろ戦後的価値観と折衝しながら継承されていった。その折衝の過程で断絶されたのが、軍事技術における目的を成す「軍事」であり、軍事技術の所産がもたらした甚大な被害と加害という結果であった。つまり、旧軍技術の歴史とその所産は「軍事技術」として社会に記憶されていったというよりも、より抽象的なテクノロジー・メカニズム一般として継承されていったといえよう。

4　軍事技術に潜む人々の欲望——戦火の消えない世界の中で

本書は日本の軍事技術の中でも旧日本軍によって開発された技術を事例として取り扱ったものであるが、今後は現代の軍事技術、すなわち自衛隊における防衛技術についても目配りが必要であると考えている。

主として第4章・第5章で確認したように、旧軍技術をめぐるテクノ・ナショナリズム言説においては、自衛隊を旧軍技術の継承者とみなす語りが少なからず見られた。また、技術自体の継承のみならず、その技術的水準にナショナル・アイデンティティやナショナル・プライドを仮託するような見方も同時に継承されていた。さらに、旧軍技術をめぐるテクノ・ナショナリズム言説の成立過程とそのロジックを分析したことで、軍事技術の国産化は軍事組織の存在意義を語る言説と強く結びついてきたこと、その言説構築の担い手として旧軍技術者のような軍事組織関係者が重要な役割を担ったことが析出された。

ゆえに、軍事技術をめぐるテクノ・ナショナリズム言説の構築とその受容の過程は、軍事組織関係者による自軍の技術開発を正当化するミリタリー・イデオロギーが、メディアを通じて社会に浸透する過程とも理解できる。であるならば、軍事技術をめぐるテクノ・ナショナリズムの分析は、ナショナリズムの分析に留まらず、当該社会におけるミリタリー・イデオロギーの構造と浸透過程を明らかにすることに寄与するだろう。

二〇二五年現在、国際情勢の緊迫化に伴い日本でも防衛力強化を支持する論調が目立つようになった。この状況は軍事化の進行と見ることができよう。したがって、軍事化の基盤となるミリタリー・イデオロギーの分析は、今後の安全保障・軍備の問題を議論するうえで重要な知見を提供するものであるといえる。もちろん、防衛力の整備については日本の置かれた国際情勢や防衛政策に基づいて実施されるものであり、政治的・軍事的合理性に基づいて議論がなされるものである。一見すると人々のアイデンティティや思想・信念とは無関係な問題であるようにも思われる。

しかしながら本書で見てきたように、時として軍事技術開発は、政治的・軍事的合理性のみならず国民国家のアイデンティティやプライドの問題としても語られる。特に軍事技術開発を推進する論理において、軍事技術開発の意義とナショナリズムや自国技術に対するプライドといった思想・信念はしばしば結びつけられてきた。であるならば、戦後日本の防衛政策や軍事技術開発をめぐる問題の基層には、政治的・軍事的・経済的合理性のみならず、人々のナショナルな意識や思想・信念もまたそれを下支えするものとして存在しているのではないか。

戦後日本において平和主義が基調とされながらも、同時に世界有数の軍事技術開発・兵器生産が行われてきた実態を解明するためには、その基盤となる人々の意識や思想・信念の問題についても照明を当てていく必要がある。よって、旧軍技術のみならず現在的な自衛隊の防衛技術まで研究範囲を拡大して分析を進めることは、今後必須の作業となろう。

注

序章

（1） 中山(2005: 111)。

（2） Ostry and Nelson (1995).

（3） Partner (1999).

（4） 阿部(2001)、吉見(1997)。

（5） 吉野(1997: 11)。

（6） 科学史家の中岡哲郎は、それぞれの国の科学と技術の成果は国力と国の国際的な地位のシンボルとしてナショナリズムの対象となり得たことを指摘している。さらに、日本のような技術後発国において、科学技術はナショナリズムで嵩上げされた評価を受ける傾向があるという指摘もなされている。このことは、日本が西洋の後追いで近代化を開始した後発国家である以上、ナショナリズムの喚起及びナショナル・アイデンティティの維持・強化において科学技術の存在を一際重視する土壌を有していることを示すだろう。

そしてそれが、軍事技術においてより顕著であったという点も重要である。明治政府樹立以降、日本の戦った戦争の多くが国家間戦争であり、かつ近現代の戦争が兵器(＝科学技術)の優劣に多分に左右される以上、科学技術の発展が国家の問題として重視されるのはある意味当然の帰結であろう。つまり、日本が西洋の先進国を範として近代国家としての成立を目指したがゆえに、先験的に国家のアイデンティティの次元において科学技術を重視する土壌を有しており、戦前日本でそれは特に軍事技術開発において表出したといえる(中岡 2006)。

（7） ミリタリー・カルチャー研究会の調査によれば、「関心がある艦艇」の中で戦艦大和は回答数六一と、第二位の戦艦武蔵の約三倍の回答数を得ており、圧倒的な一位を獲得している(吉田編／ミリタリー・カルチャー研究会 2020: 275)。

（8） このような大和の語りが戦後日本の一種の文化ナショナリズムとして機能したことを示す先行研究に、一ノ瀬俊也『戦艦大和講義』(2015)、塚田修一「文化ナショナリズムとしての戦艦「大和」言説」(2013)などがある。これらの先行研究では、敗戦によってナショナル・アイデンティティが毀損された敗戦国民にとって、かつて世界最大・最強であった戦艦大和の存在は、敗戦国民のプライドを慰撫しアイデンティティの拠り所として機能したと分析されている。

（9） もちろん、戦前期の日本における科学技術言説とナショナリズムの結びつきについて言及している研究もある。たとえば社会学者の伊東章子は、科学技術による立国というテクノ・ナショナリズムの構想には戦前から戦後への連続性があり、戦前の科学技術に対する議論が、戦後の科学技術をめぐる言説の土台を用意していたことを指摘している。伊東は、主として一九三〇年代後半から戦時下にかけての科学技術をめぐる議論を分析し、科学技術の振興による立国という思想や、西欧科学技術と日本の科学技術を相対化し、日本の科学技術に民族性・独自性を結びつける言説などに、戦後の科学技術言説と同型のロジックの存在を析出した。そして、その相似性に科学技術言説の戦前戦後における連続性を見出している。しかし伊東の研究においても、実際に戦前の科学技術開発の歴史が、戦後の科学技術をめぐるナショナル・アイデンティティ構築の言説的実践においていかに参照されたのか、またその際、戦後平和主義の下で全否定された軍事技術の存在がいかに位置付けられたかといった点についてまでは言及されていない(伊東 2003)。

(10) 科学史家の山本義隆によれば「日本は、明治期も戦前も戦後も、列強主義・大国主義ナショナリズムに突き動かされて、エネルギー革命と科学技術の進歩に支えられた経済成長を追求してきた」として、その連続性を指摘している。山本によれば「明治の「殖産興業・富国強兵」の歩みは、「高度国防国家建設」をめざす戦時下の総力戦体制をへて、戦後の「経済成長・国際競争」へと引き継がれていった」のであり、その構想に戦前と戦後の断絶はないという(山本 2018: ii, iv)。

第1章

(1) 同誌の出版状況や読者層についての確定的な情報は現時点で判明していないが、読者層については、同誌内に海軍兵学校の入試問題解説や懸賞なども掲載されていることから、海軍志望の学生や一般大衆も読者として想定されていたものと推測できる。

(2) この点については、個人の手記や作文など大衆の視点から書かれた資料、あるいは世論を一定程度反映すると推測される新聞記事の分析などによって解決可能であると考えている。別稿において本書で得られた知見を活かしつつ新たな資料を用いて検討していきたい。

(3) 「廿八日の一般戦況」『海軍 The Navy』(1906. 1(3): 10)。

(4) 中岡(2006: 468)。

(5) 「薩摩進水式」『海軍 The Navy』(1906. 1(10): 2)。

(6) 「薩摩進水式」『海軍 The Navy』(1906. 1(10): 4)。

（7）『世界の艦船　イギリス戦艦史』(1990.（429))。

（8）例えば、二巻一号「ドレッドノートの要素」では艦のスペック等が詳細に紹介されている(「ドレッドノートの要素」『海軍 The Navy』1907. 2(1): 13)。

（9）「戦艦『薩摩』」『海軍 The Navy』(1907. 2(1): 6)。

（10）日本がド級・超ド級時代の建艦競争に立ち遅れた原因としては、日露戦争戦利艦であるロシア戦艦六隻の修復及び編入にリソースが割かれたことや軍司令部が超ド級艦の新規建造よりも装甲巡洋艦の建造を優先したことなどが挙げられる。

（11）「『ドレッドノート』(一)」『海軍 The Navy』(1912. 7(9): 17–8)。

（12）「国防的海軍充実」『海軍 The Navy』(1912. 7(12): 1)。

（13）例えば七巻一二号「戦艦論」では「我海軍は数年の後に於ては艦隊勢力の主脳たる戦艦は実に微微たるものとなるを以て吾人は甚しく不安の念を生じ今に於て断然大戦艦建造を計画し之を実施せざれば我国の自衛を全ふする所以にあらざる可しと思惟するなり」として、危機的状況を喧伝している(「戦艦論」『海軍 The Navy』1912. 7(2): 16)。

（14）「發刊の辞」『海軍 The Navy』(1906. 1(1): 2)。

（15）「国防的海軍充実」『海軍 The Navy』(1912. 7(12): 1)。

（16）手嶋(2015: 79)。

（17）「国民海軍思想」『海軍 The Navy』(1913. 8(4): 7)。

（18）「故に一面之れ国資を浪費し、贅沢極まるものに非るなきも、国家を泰山の安きに置き、我が国祖衝天の意気を継承して以て世界に闊歩する日本民族の代償としては又之れ廉価なるものと言はざる可らず」として建艦費の負担は「世界に闊歩する日本民族の代償」であると主張されている(「国防的海軍充実」『海軍 The Navy』1912. 7(12): 2)。

（19）「我国の海軍問題と云へば、大艦隊建設事業である、日本国の名誉と地位と威権と利益とを保持するが為め、太平洋上に、何れの邦国よりも侮蔑を受けない大海軍勢力の樹立を意味するので有る、則ち之が為めには我国は幾千の主戦艦を建造すべきかが、国民間の唯一の問題とならねばならぬ」として主力艦の建造は一海軍の問題でなく「国民」の問題であるとされる(「海軍問題と国民」『海軍 The Navy』1911. 6(2): 2)。

（20）「海軍平時の任務」『海軍 The Navy』(1914. 9(4): 3)。

（21）「海軍平時の任務」『海軍 The Navy』(1914. 9(4): 3)。

（22）「榛名、霧島二艦の建造成りしを祝ふ」『海軍

The Navy』(1915. 10(2): 巻頭)。

(23)「海軍平時の任務」『海軍 The Navy』(1914. 9(4): 4)。

(24) この在外日本人の具体的な居住国は明記されていないが、前段において、筆者が米国や豪州に寄港した際の経験談を語っていることや、本引用箇所の直後に在豪日本人商人の声が紹介されていることから、米ないしは豪移民を念頭に置いているものと推測される。

(25) 坂口(2001: 242–66)。

(26) 堀(2002: 199)。

(27)「世界の最大権威たる新戦艦長門の顕現を祝福して」『海軍 The Navy』(1919. 14(11): 2)。

(28)「太平洋の覇者　新戦艦陸奥の威力」『海軍 The Navy』(1920. 15(6): 1)。

(29)「太平洋の覇者　新戦艦陸奥の威力」『海軍 The Navy』(1920. 15(6): 2)。

(30) ただし、日本側が陸奥の保有を主張したために、引き換えにイギリスには二隻の新造艦建造、アメリカには既に起工済の戦艦二隻の建造を認めてしまった。ゆえに、長門型戦艦の優位性は相対的に減じてしまったことには留意が必要である。

(31) 中山(2005: 135)。

(32) 中嶋(2021: 209)。

(33)「青鉛筆」『東京朝日新聞』(1921. 12. 16. 朝刊 : 5)。

(34) 木村(2017: 22)。

(35)「高台から　例つも程振はぬ観艦式の拝観者」『東京朝日新聞』(1916. 10. 26. 朝刊 : 5)。

(36)「聖上御英姿晴やかに　初めて大観艦式御親閲」『東京朝日新聞』(1927. 10. 31. 朝刊 : 2)。

(37)「屋根まで鈴なりに　恐しい人のうねり　横浜港を囲んで海も陸上も　昨日大観艦式の混雑」『東京朝日新聞』(1927. 10. 31. 朝刊 : 7)。

(38)「晴れの観艦式に横浜の人出百万」『東京朝日新聞』(1928. 12. 5. 夕刊 : 2)。

(39)「目の辺り展開する　堂々海国の威容　盛儀を海上より見る」『東京朝日新聞』(1933. 8. 26. 夕刊 : 2)。

(40)「目の辺り展開する　堂々海国の威容　盛儀を海上より見る」『東京朝日新聞』(1933. 8. 26. 夕刊 : 2)。

(41)「観艦式の盛儀に方りて」『東京朝日新聞』(1933. 8. 25. 朝刊 : 3)。

(42)「すべて国産軍艦　安保海相の謹話」『東京朝日新聞』(1930. 10. 27. 朝刊 : 2)。

(43)「すべて国産軍艦　安保海相の謹話」『東京朝日新聞』(1930. 10. 27. 朝刊 : 2)。

(44) 呉市編(1936: 254)。

（45）「動く模型を中心に　〃海軍館〃公開」『東京朝日新聞』(1937. 5. 25. 夕刊 : 3)。
（46）「十米もある戦艦「金剛」の大模型」『少年倶楽部』(1937. 24(8): 40–1)。
（47）内閣制度百年史編纂委員会編(1985: 233–4)。
（48）石川(1976: 1111–2)。
（49）「日本的性格の艦艇　噸数小でも質的優秀」『朝日新聞』(1941. 5. 22. 朝刊 : 1)。
（50）「日本的性格の艦艇　噸数小でも質的優秀」『朝日新聞』(1941. 5. 22. 朝刊 : 1)。
（51）「帝国海軍の伝統を語る(５)　職域奉公の精神飛行機・潜水艦に生く」『朝日新聞』(1941. 5. 23. 朝刊 : 1)。
（52）実際に日本海軍が開戦前最後に建造したのは大和の姉妹艦である戦艦武蔵であるが、ここでは便宜上「大和型戦艦」を総称して「大和」と表現している。

第２章

（１）ジャパンタイムス社(1941: 1–4)。
（２）当時の有力紙の中でも『東京朝日新聞』を取り上げた理由は以下のとおりである。『東京朝日新聞』は、ワシントン軍縮議論が国内で巻き起こった際、積極的に軍縮賛成の論陣を張った新聞であった。社説等で自説を報じるのみならず、自社主催の討論会などを通じて軍縮世論を形成していった。それにもかかわらず、見方によってはワシントン軍縮の理念に反しかねない三笠保存運動について、特に批判や反対運動を展開しなかった。なぜ、『東京朝日新聞』が三笠保存運動について反対しなかったかについては判然としないが、軍縮に積極的な賛意を見せた『東京朝日新聞』を取り上げることで、軍縮賛成の立場から保存運動がいかに語られたかを見ることができると考え、同紙を資料とした。
（３）「名にし負ふ軍艦三笠を日本海大海戦の記念として保存」『東京朝日新聞』(1922. 7. 17. 朝刊 : 3)。
（４）尾崎(1935: 96–7)。
（５）芝染太郎は一八七〇年愛媛県生まれの新聞記者・民間外交家である。英語が非常に堪能で、長らくアメリカ生活を送っていた。日本初の英字新聞 *Japan Times* の記者として活動し、一九三〇～一九三一年にかけて同社の社長に就任している。また、東京ロータリークラブの会員でもあり、一九三八年から一九四〇年には日本ロータリークラブの専任幹事も務めている。戦時情勢の中で、ロータリークラブは国際的な活動団体ということから反戦的・亡国的と国内で非難にさらされることとなる。そのため芝は日本と満州だけの独立した組織「日満ロータリー連合会」を設立し、国際的なロータリークラブとは独立した会の運営を行うことで日本におけるロータリー活動を存続させることに尽力した。以上の経歴から、芝は高い国際感覚を兼ね備え、社会奉仕に対し高い志を有した人物であったことがうかがえる。

（6）"SAVE THE MIKASA. Notes By A Week-end Rambler." *The Japan Times & Mail*(1923. 6. 13: 4).

（7）ジャパンタイムス社によればSAVE THE MIKASAキャンペーンが日本で初めてのプレス・キャンペーンであるとされている(ジャパンタイムス社 1941: 52)。

（8）"SAVE THE MIKASA!." *The Japan Times & Mail*(1923. 7. 21: 4).

（9）「三笠の保存」*The Japan Times & Mail*(1923. 7. 21: 1).

（10）"SAVE THE MIKASA. Notes By A Week-end Rambler." *The Japan Times & Mail*(1923. 6. 13: 4).

（11）"SAVE THE MIKASA!." *The Japan Times & Mail*(1923. 6. 14: 4).

（12）"SAVE THE MIKASA!." *The Japan Times & Mail*(1923. 6. 14: 4).

（13）「三笠記念調査員」『東京朝日新聞』(1923. 8. 19. 朝刊 : 3)。

（14）尾崎(1935: 100–1)。

（15）"WILL APPEAL TO OTHER POWERS TO SAVE THE MIKASA." *The Japan Times & Mail*(1924. 3. 14: 8).

（16）尾崎(1935: 102)。

（17）"BRITISH HELP SAVE MIKASA." *The Japan Times & Mail*(1924. 4. 23: 1).

（18）尾崎(1935: 102)。

（19）"MIKASA MUSEUM PLAN GETS O.K. OF U.S.GOV'T.." *The Japan Times & Mail*(1924. 5. 31: 5).

（20）「三笠愈保存か　英米仏の承諾を待つて　記念博物館にする」『東京朝日新聞』(1924. 5. 16. 夕刊 : 2)。

（21）例えば「三笠艦保存会へ」『東京朝日新聞』(1925. 7. 25. 朝刊 : 11)など。

（22）「戦艦『三笠』の保存義金を募集」『東京朝日新聞』(1925. 11. 12. 夕刊 : 2)。

（23）『値段史年表　明治大正昭和』によると、一九二〇年当時の山手線最低旅客運賃が五銭であった。これを基準にして計算した場合、当時の一銭は現在の三〇円ほどに相当する。

（24）「海軍が総掛りで集めた八千八百五十円　南洋辺りからも廿銭卅銭　大喜びの三笠保存会」『東京朝日新

聞』(1925. 10. 17. 夕刊 : 2)。

（25）「本党幹部会」『東京朝日新聞』(1926. 4. 28. 朝刊 : 2)、「三笠艦保存に　各官庁も寄付」『東京朝日新聞』(1925. 12. 4. 夕刊 : 1)。

（26）「三笠艦へ　千円下賜」『東京朝日新聞』(1926. 11. 14. 夕刊 : 2)。

（27）"Mikasa Is Saved Through Loyal Aid Given By Everyone." *The Japan Times & Mail* (1926. 3. 18: 1).

（28）「思ひ起す勝利の象徴　軍艦三笠の余栄」『東京朝日新聞』(1926. 5. 27. 朝刊 : 7)。

（29）"'Save The Mikasa' Entertainment At Imperial Theatre." *The Japan Times & Mail* (1926. 3. 15: 1).

（30）「戸外博物館三笠の盛況」『博物館研究』(1928. 1(4): 13)。

（31）「今日の問題」『東京朝日新聞』(1926. 11. 13. 夕刊 : 1)。

（32）「三笠の保存　国民の一大記念碑」『東京朝日新聞』(1926. 11. 29. 朝刊 : 4)。

（33）山室(2007: 106)。

（34）尾崎(1935: 101)。

（35）"SAVE THE MIKASA." *The Japan Times & Mail* (1923. 7. 24: 4).

（36）文部省編(1972: 8)。

（37）「条約実施／軍艦三笠保存ノ件」アジア歴史資料センター所蔵資料、一九二四年。

（38）「三笠の保存　国民の一大記念碑」『東京朝日新聞』(1926. 11. 29. 朝刊 : 4)。

（39）「平和の国民的宣伝」『東京朝日新聞』(1921. 10. 7. 朝刊 : 3)。

（40）「軍縮もつまりは海軍記念日の賜物」『東京朝日新聞』(1922. 5. 28. 夕刊 : 2)。

（41）「今日の問題」『東京朝日新聞』(1923. 7. 21. 夕刊 : 1)。

（42）"Petition for Togo Flagship Preservation." *The Japan Times & Mail* (1924. 3. 15: 1).

（43）"Save the Mikasa Movement Now Well Organized." *The Japan Times & Mail* (1924. 4. 16: 8).

（44）"'SAVE THE MIKASA' ASSOCIATION." *The Japan Times & Mail* (1925. 12. 4: 4).

（45）"Save the Mikasa Movement Now Well Organized." *The Japan Times & Mail* (1924. 4. 16: 8).

（46）"SAVE THE MIKASA." *The Japan Times & Mail* (1923. 7. 28: 4).

（47）今井(1974: 458–60)。

(48)「軍縮もつまりは海軍記念日の賜物」『東京朝日新聞』(1922. 5. 28. 夕刊 : 2)。
(49) 鷲田編著(2018: 261)。

第3章

(1) 外務省特別調査委員会編(1946: 177)。
(2) 出版社の変遷は以下の通り。聯合プレス社→聯合出版社→潮書房→潮書房光人社→潮書房光人新社(現在)。潮書房光人社は、二〇一二年に潮書房と主に『丸』で掲載された戦記などを書籍化する事業を行っていた光人社が合併して出来た出版社である。二〇一七年に産経新聞社の子会社となり、社名を変更し現在に至る。
(3)『丸』における「大和」の人気は根強く、例えば、懸賞企画が始まって以来ほとんどの期間において戦艦「大和」プラモデルが特賞扱いとなっており、「大和」プラモデルが当たることを喧伝して読者を獲得しようとしている。
(4) 森(1946: 144)。
(5) ただし、一ノ瀬俊也はこの森の大艦巨砲主義批判を「本気で書いていたとは思えない」と疑問を呈している。というのも、森は戦争中同僚の毎日新聞記者が海軍の意に沿って飛行機の重要性を紙面でしきりに訴えていたことを目にしているはずだからである。一ノ瀬は森の大艦巨砲主義批判を、敗戦の原因を軍人に帰することによって一般国民免責論をとったものと指摘している(一ノ瀬 2016: 130–3)。
(6) 森(1946: 145)。
(7) 野村吉三郎「日本海軍回顧録——先輩及び亡友の追憶」『丸』(1948. 1(6) : 23)。
(8) 野村吉三郎「日本海軍回顧録——先輩及び亡友の追憶」『丸』(1948. 1(6) : 23)。
(9) ただし、両者の言説は双方とも占領期になされたものであり、GHQの検閲を意識して旧日本軍擁護と捉えられかねない表現は避けていた可能性については留意が必要である。
(10) 大前敏一・中野五郎「日米海軍決戦の全貌」『丸』(1957. 臨時増刊号 : 117–8)。
(11) 大前敏一・中野五郎「日米海軍決戦の全貌」『丸』(1957. 臨時増刊号 : 150)。
(12) リン・L・ムーア、エドワード・L・ビーチ「謎の超大空母「信濃」——その生い立ちと最後」『丸』(1957. 10(6) : 20)。
(13) 松本喜太郎・内藤正直「武蔵はなぜ沈んだか」『丸』(1949. 2(1) : 29)。

（14） 草鹿任一・原忠一・小柳富次・福留繁・古谷綱正「太平洋戦争三大天王山の真相」『丸』(1956. 9(3): 89)。
（15） 「大和はなぜ温存されたか」『丸』(1959. 12(10): 132)。
（16） 「特別レポート　連合艦隊の七不思議」『丸』(1959. 12(10): 132–3)。
（17） 「特別レポート　連合艦隊の七不思議」『丸』(1959. 12(10): 133)。
（18） 岡野十二「謎の大戦艦「大和」の全貌」『探訪読物』(1949. 3(11)臨時増刊号 : 16)。
（19） 岡野十二「謎の大戦艦「大和」の全貌」『探訪読物』(1949. 3(11)臨時増刊号 : 16)。
（20） 岡野十二「謎の大戦艦「大和」の全貌」『探訪読物』(1949. 3(11)臨時増刊号 : 16)。
（21） 松本(1952)。
（22） 松本(1952: 1)。
（23） 松本(1952: 4)。
（24） 松本喜太郎「戦艦大和(Ⅷ)——武蔵の進水及び大和・武蔵両艦の沈没と技術的批判について」『自然』(1950. 5(9): 79)。
（25） 吉見(1997: 195–6)。
（26） 一ノ瀬(2015: 130)。
（27） 豊田副武・丸編集部「戦艦『大和』」『丸』(1951. 4(5): 104)。
（28） 能村次郎「戦艦「大和」最後の特攻出撃」『丸』(1956. 9(11): 63)。
（29） 吉田俊雄「最後の超弩級戦艦「武蔵」の生涯」『丸』(1957. 10(12): 188)。
（30） 中野五郎「第二次世界大戦の50大事件」『丸』(1959. 12(3): 247)。
（31） 伊藤正徳「帝国連合艦隊の最後」『丸』(1959. 12(8): 17)。
（32） 伊藤正徳「「三笠」の偉大と悲惨——国敗れて記念艦朽つ」『文藝春秋』(1957. 35(8): 94–107)。
（33） 「三笠の話——日本民族の記念艦」『丸』(1959. 12(9): 75)。
（34） 塚田(2010: 11)。
（35） 「日本戦艦の魅力」『丸』(1959. 12(13): 13)。
（36） 阿部(2001)。

第４章

（１） 佐藤(2021: 67)。
（２） 「読者から編集者から」『丸』(1962. 15(4): 202)。
（３） もちろん、メカニズム重視の編集方針の変化をすべての読者が肯定的に受け止めたわけではない。例えば一六歳の少年の「私は専門的な技術のことはあまり興味がもてません。そのかわりに戦記などをどしどしのせてください」(「読者から編集者から」『丸』1962. 15(9): 213)という意見のように、専門性の高いメカニズムについての内容についてゆけず、読物として読むことができる戦記を従来通りたくさん載せてほしいと希望する声も複数見られた。しかし、それはあくまで少数派に止まり、全体的な傾向としてはメカニズム重視の誌面が歓迎されていたといえる。

(4)「読者から編集者から」『丸』(1965. 18(2): 240)。

(5) 野沢正「〝海と空と陸〟の専門雑誌五十年史——軍国美談調からメカニズムの表現へ」『丸』(1962. 15(11): 121)。

(6) 野沢正「〝海と空と陸〟の専門雑誌五十年史——軍国美談調からメカニズムの表現へ」『丸』(1962. 15(11): 121)。

(7)「読者から編集者から」『丸』(1962. 15(6): 211)。

(8)「読者から編集者から」『丸』(1966. 19(6): 217)。

(9) この傾向は特に一九六〇年代後半に顕著である。その要因の一つとして、書き手の属性の変化が挙げられる。それまで、兵器のメカニズムに関する記事の多くは旧軍技術者出身の書き手が執筆を行っていたが、この時期になると艦艇・兵器研究家や漫画家といった非旧軍関係者の手による記事も目立つようになる。ゆえに、旧軍技術者のような技術のプロフェッショナルによる言説とは質的に異なる、マニア的な視点からの言説が登場してきたものと推測される。

(10)「編集後記」『丸』(1965. 18(4): 258)。

(11) おおば比呂司・柳原良平「野次馬もまた楽し」『丸』(1969. 22(1): 184-93)。

(12) 石森章太郎「日本の防衛……私にも一言」『丸』(1969. 22(12): 51)。

(13)「読者から編集者から」『丸』(1964. 17(5): 276)。

(14)「読者から編集者から」『丸』(1962. 15(7): 210)。

(15)「読者から編集者から」『丸』(1962. 15(10): 210)。

(16)「編集後記」『丸』(1964. 17(1): 248)。

(17)「編集後記」『丸』(1964. 17(2): 248)。

(18) MacKenzie and Wajcman eds. (1999).

(19) 堀元美「革新の波に乗る造艦界　煙突と主砲のない軍艦黄金時代(ゴールデン・エイジ)——〝軍艦〟のイメージを粉砕した〝新しい軍艦〟の奇妙な形とその役割」『丸』(1966. 19(6): 133)。

(20)「読者から編集者から」『丸』(1969. 22(9): 266)。

（21）「読者から編集者から」『丸』(1969. 22(9): 267)。
（22）牧野茂「造艦技術は沈まず――世界稀有の軍極秘　資料の公開に当たって」『丸』(1965. 18(11): 44)。
（23）福井静夫「１９６４年のトップ銘柄〃戦艦大和〃を斬る!-」『丸』(1964. 17(2): 74)。
（24）久住忠男「特集・海上自衛隊①　伝統と超近代性に築かれる新しき海軍――自由陣営の一環を背負う世界のなかの海上自衛隊」『丸』(1962. 15(4): 147)。
（25）福井静夫「私説・日本自衛艦隊艦艇論――より秀れた護衛艦誕生のためにするカケ値のない現実論」『丸』(1962. 15(4): 161–2)。
（26）橋本以行「国産第一号潜水艦「おやしお」が完成するまで――訓練にこそ最新最鋭の潜水艦を…との第二次大戦の戦訓を活かして」『丸』(1962. 15(4): 151)。
（27）久住忠男「特集・海上自衛隊①　伝統と超近代性に築かれる新しき海軍――自由陣営の一環を背負う世界のなかの海上自衛隊」『丸』(1962. 15(4): 145)。
（28）福井静夫「連合艦隊と比較した自衛艦隊の戦力」『丸』(1965. 18(1): 68)。
（29）福井静夫「私説・日本自衛艦隊艦艇論――より秀れた護衛艦誕生のためにするカケ値のない現実論」『丸』(1962. 15(4): 163–4)。
（30）長谷川清「今にして憶う『桜と錨』の五十年」『丸』(1966. 19(12): 43)。
（31）福井又助「わが思い出は〃不沈艦〃と共につきず――戦艦「大和」の艤装という大仕事を通して知った喜びと苦しみ」『丸』(1968. 21(7): 88)。
（32）福留繁「血潮の中に生きている帝国海軍――虎は死して皮を残し、帝国海軍死して根性を残す」『丸』(1965. 18(10): 115–6)。
（33）福井静夫「１９６４年のトップ銘柄〃戦艦大和〃を斬る!-」『丸』(1964. 17(2): 74)。
（34）「編集後記」『丸』(1965. 18(11): 218)。
（35）「編集後記」『丸』(1967. 20(2): 268)。
（36）堀元美「大いなる遺産は現代に生きているか」『丸』(1967. 20(2): 180)。
（37）福井静夫「１９６４年のトップ銘柄〃戦艦大和〃を斬る!-」『丸』(1964. 17(2): 75)。
（38）福井静夫「戦艦がはたした科学技術の発達――巨艦の建造技術を現在と将来に生かしたいがために」『丸』(1966. 19(10): 114)。
（39）堀元美「現実を直視せぬ平和国家の国民たち――今日の生命線につながる対潜防衛の急務」『丸』(1962. 15(10): 118)。

(40)　堀元美「時代と共に変貌するこれからの軍艦——電子兵器の技術革新で変り行く艦の外観」『丸』(1964. 17(10): 113)。

(41)　小暮(2008: 125–6)。

(42)　関野英夫「あえて日本の防衛体制に直言す！——借り物、買い物軍備だけはもう真っ平ごめんだ！」『丸』(1963. 16(10): 220–1)。

(43)　「編集後記」『丸』(1966. 19(4): 218)。

(44)　平田辰「にっぽん艦隊よ〝土民軍〟となるなかれ——豊かなる個性と決意をもって〝米国式艦隊〟より脱出せよ！」『丸』(1967. 20(6): 136)。

(45)　堀元美「現代の海戦 その勝つための戦備と戦術」『丸』(1966. 19(1): 81)。

(46)　平田辰「にっぽん艦隊よ〝土民軍〟となるなかれ——豊かなる個性と決意をもって〝米国式艦隊〟より脱出せよ！」『丸』(1967. 20(6): 136)。

(47)　林田健次郎「—特別調査—世界の中の日本②インサイド・レポート　世界を動かすマンモス兵器廠の正体」『丸』(1969. 22(6): 61)。

(48)　堀元美「現代の海戦　その勝つための戦備と戦術」『丸』(1966. 19(1): 64–81)。

(49)　牧野茂「特別寄稿日本駆逐艦造船論」『丸』(1962. 15(8): 46)。

(50)　石渡幸二「特集・アメリカの軍艦④　アメリカが見せた造艦技術の実力」『丸』(1963. 16(1): 53)。

(51)　福井静夫「アメリカ製軍艦の特長とその全貌」『丸』(1963. 16(1): 72–3)。

(52)　伊東駿一郎「国産〝アポロ〟の泣きどころ——技術カンニングの長い伝統が生んだ当然の打ち上げ失敗」『丸』(1969. 22(16): 196)。

(53)　一ノ木高二「戦艦大和世界一物語」『丸』(1969. 22(1): 153)。

(54)　小林宏「太平洋海戦にみる現代日本人気質」『丸』(1967. 20(4): 132)。

(55)　小林宏「太平洋海戦にみる現代日本人気質」『丸』(1967. 20(4): 139)。

(56)　吉野(1997)。

(57)　本章では、軍事分野から民生分野への接続の志向を発見したが、逆に民生分野から軍事分野への接近は、ビジネス論の文脈で反省的に参照される事例の析出に留まった。今後、民生分野から軍事分野への結びつきを検証するとともに、仮にそのような傾向が見られないとしたら、その非対称性は何に由来するのかを検討する必要がある。

第5章

（1）例えば『さいごの連合艦隊　戦艦大和』では「大和は、日本海軍がつくった、史上最大・最強の戦艦」と表現されている（滑清紀「著者のことばより」『さいごの連合艦隊　戦艦大和』立風書房 1981）。

（2）福地重孝「解説」『少年少女ドキュメンタリーゼロ戦と戦艦大和』偕成社（1975: 193）。

（3）冨永謙吾『画報シリーズ　ゼロ戦と戦艦大和』秋田書店（1975: 5）。

（4）一ノ瀬のいう「大和最強神話」とは、太平洋戦争時に存在した各国の戦艦の中でも戦艦「大和」こそが「最強」の戦艦であるとみなす考え方のことである。また、ここでいう「最強」とは実戦における戦果によって決定されるものではなく、艦の全長や排水量、主砲の大きさといった戦艦のスペック、すなわち技術的優秀性に依拠するものである。この論理に従えば、世界最大の排水量と主砲を持つ戦艦大和は「世界最強」の戦艦であるといえるが、一方で一九四四年に就役した米戦艦のアイオワ級戦艦三番艦ミズーリの全長や速度は大和を上回っており、大和最強神話を脅かす存在でもあった。一ノ瀬は、大和を凌ぐ最新鋭戦艦の存在を認めたくないがゆえに、少年たちは大和を最強と賛美する雑誌記事をその証拠として追い求めたことを指摘している。少年たちの信じた「大和最強神話」が、技術的優秀性に依拠するものであったがゆえに、七〇年代以前に『丸』で再三言及されたような「日本の科学技術の優秀性の象徴としての大和」「現在の技術発展に大いなる遺産を残した大和」といった言説が、一種の定説として定着し再生産・再消費されていったといえよう。

（5）一ノ瀬（2015: 170–1）。

（6）ただし『太平洋の翼』（1963）や『激動の昭和史沖縄決戦』（1971）など、メインの扱いではないが戦艦大和艦体が登場する先行作品はいくつか存在する。

（7）佐野明子は、一九八一年に公開された映画『連合艦隊』のヒットについて『宇宙戦艦ヤマト』を入口としてオリジナルの戦艦大和にも魅力を感じるようになった青少年層を、『連合艦隊』が吸引した結果」と分析している（佐野 2009: 298）。

（8）辺見（2004）。

（9）木村信一郎・石橋孝夫「ワイドピクトリアル世界の名戦艦識別帳」『丸』（1970. 23(3): 162–3）。

（10）高須裕三「泣き笑い帝国軍艦けいざい白書」『丸』（1971. 24(7): 80）。

(11) 高須裕三「泣き笑い帝国軍艦けいざい白書」『丸』(1971. 24(7): 87)。
(12) 高須裕三「泣き笑い帝国軍艦けいざい白書」『丸』(1971. 24(7): 87)。
(13) 木村信一郎「連合艦隊/歴代旗艦物語」『丸』(1970. 23(11): 176–7)。
(14) 木村信一郎「連合艦隊/歴代旗艦物語」『丸』(1970. 23(11): 177)。
(15)「読者から編集者から」『丸』(1987. 40(11): 205)。
(16)「読者から編集者から」『丸』(1972. 25(6): 247)。
(17)「読者から編集者から」『丸』(1970. 23(1): 236)。
(18)「読者から編集者から」『丸』(1970. 23(3): 277)。
(19)「読者から編集者から」『丸』(1974. 27(1): 259)。
(20) この点については、『丸』本誌一九七六年の全紙大「大和ポスター」付録に対する読者の反応からも同様のことがいえる。付録「大和ポスター」に対し「次号からの全紙大ポスター『大和』は、期待すること大です」(「読者から編集者から」『丸』1976. 29(5): 238)、「『戦艦大和』のジャンボポスターは、とてもよかった。机の向かいにはって、いつもながめている」(「読者から編集者から」『丸』1976. 29(6): 241)などといった非常に好意的な反応が多数寄せられている。
(21) 佐藤(2021)の第5章・第6章を参照。
(22) もちろん同時期に戦艦大和関連の記事・書籍の執筆を行った論客の中には非軍人、非技術者も含まれる。その代表として、伊藤正徳が挙げられるだろう。伊藤は戦前海軍付の新聞記者として活動していたが、戦後は軍事評論家としても執筆活動を展開し『連合艦隊の最後』などのベストセラーを発表している。『大海軍を想う』における「「大和」「武蔵」が沈んだからといって、その造艦の誉れは沈まない」(伊藤 1956: 385)という一文は、以降の「大和=科学技術立国の礎」論でもたびたび引用されるほどの影響力を持った。
(23) 牧野茂「造艦技術は沈まず――世界稀有の軍極秘 資料の公開に当たって」『丸』(1965. 18(11): 44)。
(24) 福井静夫「弩級戦艦時代をつくった東西名設計者列伝」『丸』(1964. 17(8): 71)。
(25) 牧野茂「戦艦「大和」主砲設計陣の偉業を讃えて」『丸』(1973. 26(5): 134)。
(26) 堀元美「20年目の新連合艦隊・護衛艦建造技術全調査」『丸』(1975. 28(9): 81)。
(27) 社会学者の吉野耕作(1997)は、(文化)ナショナリズムにおいて重要な役割を果たす社会集団として知識人とインテリゲンチャが挙げられるとする。吉野が分析の対象とする文化ナショナリズムの一事例である「日本人論」の生産においては、一般に知識人という言葉で連想される学者や研究者といったエリートのみならず、評論家や官僚、企業人といった様々なタイプのエリートが参加していたことを指摘している。吉野はこの様々なタイプのエリートを包括する概念として「文化エリート」という概念を用いている。つまり、上述した造船士官たちによる一連の言論活動からは、文化ナショナリズム構築における「文化エリート」の役割を、テクノ・ナショナリズムの場合「技術者」が果たしていることが指摘できる。

　このような「技術者」がナショナリズムの生産者としての役割を果たすという事象が、民生技術のテクノ・ナショナリズムに関する先行研究においては析出されていない以上、軍事・民生技術全体に共通する事象といえるかは現時点では判明しない。しかし、国家的事業である軍事技術開発では、技術者自身の技術についての語りがナショナリズムの喚起や強化の回路へとつながりやすかったのではないかと推察される。いずれにせよ、戦艦大和をはじめとする造艦技術をめぐるナショナルな言説の構築については、造船士官出身の書き手たちの、技術者としてのモチベーションや、それに基づく戦後の精力的な活動が重要な役割を果たしたことは確かであろう。

(28)　福井静夫と牧野茂に関しては一九八〇年代後半に書籍を出版してもいるが、これらは既に『丸』や『世界の艦船』等で発表していた論考をまとめたものである。

(29)　造船士官出身論客と異なり、新たな書き手たちについては自身の執筆活動の動機等を明かすような記述はほとんど確認できないため、彼らがいかなる動機で軍事評論や軍事に関する研究を行っていたかは明示されていない。しかし少なくとも非軍人、非技術者というバックグラウンドを持つ新たな書き手たちが、造船士官出身論客たちに共有されていた「旧軍技術者」としての自負に由来するような執筆動機を持つことは考えにくい。

(30)　藤井治夫「'76〝ポスト四次防〟新防衛プランの問題点を斬る」『丸』(1976. 29(2): 114–9)。

(31)　中山(1995: 103–4)。

(32)　「編集後記」『丸』(1970. 23(5): 280)。

(33)　水田章「ミリタリージャーナル　ないしょ、ないしょの合同演習」『丸』(1970. 23(12): 174)。

(34)　「編集後記」『丸』(1971. 24(8): 290)。

(35)　西俣総平「国産ロケットが軍事ミサイルに化けるとき」『丸』(1970. 23(5): 99)。

(36)　水田章「ＢＣ兵器よ、おまえもか」『丸』(1970.

23(5): 178)。
(37) 「読者から編集者から」『丸』(1970. 23(7): 236)。
(38) 坂井定雄「海上自衛隊は第7艦隊に代りうるか」『丸』(1970. 23(2): 120–5)。
(39) 南部伸清「国産潜水艦を裸にすれば」『丸』(1970. 23(6): 209)。
(40) 水田章「ミリタリージャーナル 〝中曽根長官退陣説〟の周辺」『丸』(1971. 24(8): 159)。
(41) 「読者から編集者から」『丸』(1973. 26(9): 259)。
(42) 「読者から編集者から」『丸』(1972. 25(3): 287)。
(43) 「読者から編集者から」『丸』(1972. 25(3): 287)。
(44) 「読者から編集者から」『丸』(1973. 26(7): 261)。
(45) 「読者から編集者から」『丸』(1972. 25(9): 289)。
(46) 「読者から編集者から」『丸』(1977. 30(4): 239)。
(47) 「読者から編集者から」『丸』(1972. 25(10): 289)。
(48) 「読者から編集者から」『丸』(1970. 23(9): 283)。
(49) 林茂夫「にっぽん陸海空自衛隊無頼控――全日空機と自衛隊機の空中衝突事件いらいその名も高い〝愛される自衛隊〟白書」『丸』(1971. 24(11): 190)。
(50) 「編集後記」『丸』(1974. 27(11): 246)。
(51) 「読者から編集者から」『丸』(1973. 26(12): 259)。
(52) 「読者から編集者から」『丸』(1973. 26(12): 259)。
(53) 林茂夫「にっぽん自衛隊〝石油戦線〟異状あり」『丸』(1974. 27(3): 187)。
(54) 光瀬龍「自衛隊戦線異状なし」『丸』(1974. 27(4): 60)。
(55) 野木恵一「別冊付録 自衛隊最新装備写真総集」『丸』(1985. 38(2): 43)。
(56) 一ノ瀬(2015: 165)。
(57) 自衛隊艦艇のみならず、巨大タンカーについても同様の状況が見受けられる。オイルショックの影響により石油タンカーを中心に日本の造船業が低調に転じると、『丸』において戦後の民間造船業と戦艦大和をはじめとした旧海軍造艦技術の結びつきに言及する言説は、皆無と言っていいほど激減している。
(58) この時期、四次防の時と比較して『丸』の論者・読者をはじめとした一般国民の態度が軟化した明確な理由は誌面からは判然としない。しかし、四次防の時と異なり自衛隊への不信感が和らいでいたこと、そもそも四次防への強烈な批判は中曽根政権の強硬な軍拡方針に対する反発であったことには留意が必要である。同時にポスト四次防期には既に冷戦構造が崩れつつあり、国民の安全保障や防衛力整備に対する関心が薄れていたことも考えられる。

(59)「これが八八艦隊の陣容だ！」『丸』(1985. 38(7): 巻頭グラビア)。
(60) 八田十四夫「メイド・イン・ジャパン〝新88艦隊〟技術報告」『丸』(1986. 39(5): 87)。
(61)「読者から編集者から」『丸』(1986. 39(5): 246)。
(62) 八田十四夫「海自ハイテク防空艦「ＤＤＡ＆ＤＤＧ」戦力診断」『丸』(1987. 40(11): 99)。
(63) 小川和久「命運を賭けた〝シーレーン防衛陣〟の虚像と実像——期待される日の丸イージス艦は〝守護神〟になれるか!?」『丸』(1987. 40(6): 100)。
(64) 阿部安雄「連合艦隊が夢みた〝まぼろしの八八艦隊〟始末——ワシントン軍縮会議により未成となったものの日本海軍が描いた八八構想はいかなるものであったか！」『丸』(1987. 40(6): 110)。

第6章

(1) 吉田(2005: 212)。
(2) 吉田(2005: 212)。
(3)「プレジデント社　会社概要」(https://www.president.co.jp/information/company/　二〇二三年一二月一日取得)。
(4) 一九七六年一二月号の「編集だより」において、「小誌『プレジデント』は昭和五十二年新年号より大幅なモデル・チェンジを行い、マネジメントに携わるすべてのビジネスマンにとって目をそらすことのできない〝ビジネス誌のスタンダード〟として生まれ変わることになりました」と告知されている(「誌面変更のお知らせ」『プレジデント』1976. 14(14): 5)。
(5) 坂本金美「完璧なるトップダウン方式」『プレジデント』(1978. 16(7): 36)。
(6) 曾村保信「海軍兵学校—戦う「神士」の隔離培養」『プレジデント』(1980. 18(10): 57)。
(7) このように軍隊と企業をアナロジーの関係で結びつける見方には反対意見も存在した。評論家で山本書店店主の山本七平は、「両者〔軍隊と企業〕は基本的に違うんだから、本質的な点では学ぶことはないでしょう。企業経営と軍隊を結び付けるのは間違いだと思います。〝軍隊式経営〟をやっていたら、その企業は倒産してしまいますよ」と現代の企業が軍隊を参照することを批判している。しかし、本誌においてこのような意見は極めて少数派であり、編集部をはじめ大半の書き手が軍隊と企業をアナロジーの関係で捉え、そこから何らかの教訓を導き出そうとする立場をとった(山本七平「軍隊組織と企業経営」『プレジデント』1978. 16(7): 85)。
(8) 編集部の一人は「「5分前の精神」を、以前あるトレーニングコースで叩き込まれた。次の作業準備の緊張した慌しさを乗り切って定時にスタンバイする気持ちよさ。今の仕事では味わえないが、精神は忘れまい」（「編集室」『プレジデント』1978. 16(7): 272）と、実際のビジネスの現場で海軍の規律が実践されていたエピソードを語っている。この証言からは、旧軍の思想や原理をビジネスに活かすという試みは、雑誌や書籍上に留まらず実際の現場でも取り組まれていたことがうかがえる。

（9） 宮坂義一「マニュアル経営の精髄」『プレジデント』(1978. 16(7): 54)。

（10） 藤井康男「わが〈非体験〉的日本海軍論」『プレジデント』(1978. 16(7): 51)。

（11） 特に技術解説記事においては「零戦」と「大和型戦艦」以外はほとんど取り上げられていない点が軍事雑誌である『丸』との大きな違いである。

（12） 福井静夫「零戦・大和を生んだ技術開発力」『プレジデント』(1978. 16(7): 86)。

（13） 福井静夫「零戦・大和を生んだ技術開発力」『プレジデント』(1978. 16(7): 91)。

（14） 牧野茂「戦艦「大和」かくて浮かぶ」『プレジデント』(1981. 19(4): 56)。

（15） 「特集戦艦「大和」」『プレジデント』(1988. 26(8): 49)。

（16） 例えば、「「大和」を生み出した技術は、戦後の造船業界に受け継がれたのである。日本の造船業は、今でこそ斜陽産業の象徴的存在だが、戦後の復興期から「奇蹟」とまで言われた高度経済成長期にかけては、文字どおり日本経済を引っ張るリーディング・インダストリーだった。世界市場を制覇し、ことにマンモス・タンカーでは他の追随を許さなかった。その日本製マンモス・タンカーに「大和」の技術が生きていた」（広田一夫「雄姿を現した驚異の「コストダウン戦艦」」『プレジデント』1988. 26(8): 101-3）、「そのときのノウハウが戦後の平和産業に転換した折の潜在的技術力ともなった」（保阪正康「超ハイテク「四六センチ砲」はかく完成した」『プレジデント』1988. 26(8): 123）など。

（17） ブロック建造法は、船殻全体を一気に建造するのではなく、いくつかの区画に分割し各ブロックを地上や工場内で建造したのちに船台に運び、最後にブロック同士を溶接して完成させる建造法。これにより船台上での作業時間を短縮し生産効率を向上させることができる。

（18） 二〇記事中、全二～三回の連載も二つ含まれており、各回を一記事と集計しているため連載全体を一記事とカウントすると実数はより少なくなる。

（19） 前間（1997ab）。
（20） 前間（1997a: 36）。
（21） 前間（1997a: 43）。
（22） 西島は例外的に『丸』に寄稿した「戦艦大和は現代に生きている――大和建造当時の苦心を語る」（1960. 13（4）: 30–5）を除き、自らに関する記録を残してこなかったとされていたが、一九六六年から一九八〇年にかけて防衛研修所戦史室によって編纂された『戦史叢書』に西島が海軍技術に関する証言者として協力していたことで、同資料室に回想録が残されていた。前間によれば、その枚数は原稿用紙約一千枚を超えるとのことである。
（23） 前間（1997b: 381）。
（24） 前間（1997b: 382）。
（25） 前間（1997b: 382）。
（26） 坂本ほか（2000: 194）。
（27） 坂本ほか（2000: 195–6）。
（28） 半藤ほか（2008: 167）。
（29） 半藤ほか（2008: 191）。
（30） 半藤ほか（2007: 217）。
（31） 半藤ほか（2007: 219）。
（32） 半藤ほか（2007: 219）。
（33） 半藤ほか（2008: 73）。
（34） 半藤ほか（2008: 73）。
（35） 半藤ほか（2008: 117）。
（36） 半藤ほか（2008: 191）。
（37） 半藤ほか（2008: 192）。

第７章

（１） 山本（2015）。
（２） 南（2009, 2010ab, 2011ab）。
（３） 玄（2020）。
（４） 歴史的経緯については呉市史編纂委員会編『呉市史』（呉市役所、一九五六～一九九五年）のうち二～八巻を参照した。
（５） 呉市編（1936: 31）。
（６） 呉市主催国防と産業大博覧会協賛会編（1936: 570）。
（７） ただし、呉市の場合一九五四年に海上自衛隊呉地方総監部が開庁され、防衛庁と呉市の間で占領接収地をめぐって対立が生じる。結果として旧海軍関係施設の主要部分は海上自衛隊によって独占的に使用されることとなった。ゆえに、旧軍遺産がすべて平和産業へと転換を果たしたといえるかについては疑問が残る。

（8） 呉市史現代史編の発刊にあたって編者の高橋衛は「呉海軍の存在が呉市にとりわけ悲惨な戦禍をもたらしたことは、いうまでもない。海軍の街なるが故の市民の痛恨なる犠牲へのレクイエムたるべきことも、当市史の課題となすべきであろう。海軍が残した有形無形の「遺産」が、呉市の戦後の発展を支えてきたことも事実なら、鎮守府所在地なるがゆえの交通上の辺鄙性などのディメリットも、いまや否定すべくもないであろう。にもかかわらず、呉はやはり海軍によって大をなし、海軍によって創造された文化的伝統のなかに生きてきた街でもある。当市史が、これらのありのままのジレンマに、どこまで迫り得ているかは、いまや大方の批判に待つしかない」と、呉市の海軍の街としての地域アイデンティティに内包されるジレンマを描写している（呉市史編纂委員会編 1988:「発刊にあたって」）。

（9） 各記念碑、記念塔は二〇二二年一一月に広島県呉市にてフィールドワークを行い碑文等の調査を行った。

（10） 噫戦艦大和塔「建塔の由来」。

（11） 旧呉海軍工廠礎石記念塔より。

（12） 造船船渠記念碑「造船船渠記念碑由来」。

（13） 小笠原（2007: 48）。

（14） 小笠原（2007: 49）。

（15） 小笠原（2007: 52）。

（16） 小笠原（2007: 53）。

（17） 小笠原（2007: 54）。

（18） 小笠原（2007: 141–2）。

（19） 小笠原／広島大学文書館ほか編（2012: 143）。

（20） 広島県呉市（1995）。

（21） 小笠原（2007: 163）。

（22） 小笠原（2007: 161）。

（23） 小笠原（2007: 121）。

（24） 小笠原（2007: 135）。

（25） ただし、シンポジウムの参加者間でも戦艦大和への評価や思い入れに温度差があったことには留意が必要である。例えば第九回シンポジウムは社会経済史学会中国四国部会と共同で行われたもので、登壇者は経済学を専門とする研究者であった。『社会経済史学会中国四国部会会報』によれば「「大和」に対する呉市民の方々の想いと研究者が描く技術的成果の分析が対照的であった」という。市民にとって大和は日本一の兵器製造所である呉海軍工廠で生み出された最新鋭の戦艦であったが、研究者らは日本海軍が自らの技術を客観視せずに造り上げた「遺物」と評価していた。このようなズレが自覚されていたという事実は、「大和におもう」シンポジウムにおける大和の語りが、必ずしも大和賛美一辺倒だったわけではなく、地域住民の郷土愛や自地域への自負心を補強するものとは限らなかったことを示すだろう（松本2005: 1）。

（26）呉市海事歴史科学館（2009: 3）。
（27）呉市海事歴史科学館（2009: 46）。
（28）呉市海事歴史科学館展示より引用。
（29）呉市海事歴史科学館展示より引用。
（30）呉市海事歴史科学館展示より引用。
（31）小笠原（2007: 249）及び広島県「広島県入込観光客の動向」二〇〇五年（広島県商工労働局観光課「広島県入込観光客の動向」https://www.pref.hiroshima.lg.jp/site/toukei/doukou-index.html　最終閲覧日二〇二三年五月一日）より。
（32）一ノ瀬（2015: 247）。
（33）吉野（1997: 241）。

終章

（1）本書における「相対的テクノ・ナショナリズム」は、他者との関係や他者との比較の上に規定される国家像やナショナリティを構築する言説のことを指す。文化相対主義のように、異なる文化間に優劣はないとする意味での相対化ではなく、むしろ技術的優劣を含む他者との比較から自己を位置付け、自己像を規定していく意味で用いる。
（2）中山（1995）。
（3）「歴史的テクノ・ナショナリズム」は、他者との比較から自己を見出す相対的テクノ・ナショナリズムに対して、自国の科学技術の歴史的過程を重視し、過程そのものやある時点の技術的発達段階における成果にナショナルな自負やナショナリティを見出す立場として定義している。歴史的テクノ・ナショナリズムにおいて科学技術は、ネーション の絆となる文化的アイデンティティとして位置付けられる。
（4）飯沼（1986: 57）。
（5）飯沼光夫によれば、技術水準を測る尺度はマクロ・レベルからミクロ・レベルへと以下の四つに分類できるとする。①研究開発投資額や生産額・輸出額といった国家レベルでのマクロ的評価、②業種別の対売上高研究開発投資額などの産業レベルでの評価指標、③製品の中の自主技術率やマーケットシェアなどの製品レベルでの評価、④理論値、または極限値に対する実績値や技術の重要度といった個別技術レベルの評価である。本書で分析してきた造艦技術をめぐる言説においては、主に、

③製品レベルでの評価と、④個別技術レベルの評価が自国の技術水準を示すものとして指標とされていた。そのため本書における「技術水準」は、製品(戦艦各個艦)の評価及びそれを実現する個別技術の評価を指すものとして取り扱う(飯沼 1986: 57–8)。

(6) 明治から大正期においても絶対主義的技術水準に基づいた技術評価は確認できる。例えば、戦艦薩摩建艦時に見られたような、技術後発国という自国の科学技術の発達段階と照らし合わせながら、現在の技術的成果を評価するような言説は絶対主義的技術水準に基づくものといえるだろう。

(7) 伊東(2003: 106)。

(8) 伊東(2003: 109–10)。

(9) 技術標準は規格の作成プロセスから以下の三点に分類できる。一つ目が、ＩＳＯなどの公的な標準機関による意思決定で定められた「デジュール標準」。二つ目が、ＤＶＤ規格などに代表される、関連企業等が集まってフォーラムを結成しその合意のもとで作成される「フォーラム標準」。そして三つ目が、一企業によって供給された規格が市場で支配的となることで事実上定まる「デファクト標準」である。デファクト標準の代表例にはAdobe社によるＰＤＦなどがあげられる。

(10) ただし、軍事技術についても、特に一九七〇年代以降アメリカとの同盟関係に基づく相互運用性を重視した共同開発が行われるようになると、標準化を重視する言説が登場してくる。

(11) 阿部(2001: 50)。

(12) 一ノ瀬(2015)、坂田(2011)。

(13) 吉田(2011)、成田(2010)など。

おわりに

「戦艦の研究をしています。大和とか」と言うと、「ミリオタ（ミリタリーオタク）なんですか？」「戦艦とか戦闘機とか、お好きなんですか？」と聞き返されることがしばしばある。しかし、正直に白状すると本書の研究対象である「戦艦」に対して趣味的な関心が私自身にあるわけではない。愛好家諸氏からすれば、それゆえの浅学さが看破されてしまうかもしれない。では、なぜ関心や愛着があるわけでもない私が、「戦艦」という対象と出会い本書を執筆するに至ったのか。そのきっかけをここに少しだけ明かしておきたい。

「金剛」という艦があった。アジア太平洋戦争において各地の海戦を転々とした後、一九四四年一一月二一日未明、台湾基隆沖北方にて米潜水艦の魚雷攻撃を受け沈没した。私がこの艦の存在を知ったのは、母の一言からだった。

「あんたの大伯父さんはね、英霊として靖国に祀られとるんよ。海軍の軍人さんでね、コンゴウだったかムサシだったか、とにかくそんな感じの名前の戦艦に乗っててね、戦死したんよ」。

当時美大生だった私は、戦艦乗りだったという顔も知らない大伯父に興味を抱き、彼の痕跡を追いかけ軍人としての生涯を調べドキュメンタリー映画を制作することとなる(この試みの経緯については「戦後七〇年の軍艦金剛会――「追憶」のためのノート」(清水亮・白岩伸也・角田燎編『戦争のかけらを集めて――遠ざかる兵士たちと私たちの歴史実践』図書出版みぎわ、二〇二四年)にて執筆している)。大伯父の生涯の片鱗が明らかになるにつれ、私は次第に大伯父という一人の人間だけでなく、大伯父がその生涯の大半をその上で過ごした戦艦という「モノ」が気に掛かるようになった。

教科書や歴史書では、戦艦の最期は「戦艦が撃沈された」と記されることが多い。確かにそれは事実である。しかし、その最期には多くの場合何百、何千の人間の死が伴っているはずである。それでも、多くの戦艦の最期の記述ではそれらの人の死は語られない。ましてやその一人一人に個別の生があったことなど、ほとんど顧みられることはない(陸戦であれば何百、何千人が戦死したと書かれるだろう。それでも人一人の個別の死が語られることはほとんどない)。そのような記述を目にするたびに、戦艦という巨大な機械に人間が飲み込まれていくような、戦艦自体がまるで一個の生き物であるかのような感覚を抱くようになった。そしてそのことについて、ある種当然のものと受け止められているらしいことも不思議に思えた。

大伯父の死は人々の記憶に刻まれることはなくとも、大伯父を飲み込んだあの巨大な機械の名は残り続ける。まして、その機械は(あるいはそれを造り上げた科学技術は)現在の私が生きる日本という社会の礎にさえなったというのである。大伯父のことを思えば、ある意味理不尽とも思える事実。不条理さを感じつつも、人一人の生と死を飲み込んでしまうほどに意味付けられた「戦艦」という存在が私にとってどこか気に掛かるものとなっていった。社会において、戦艦がただの機械以上の意味を見出されたのはなぜなのか。私たちにとって戦艦とはいかなる存在なのか。これが本書を執筆するに至る最初の問いであった。そうして私は、この問いに挑むべく、歴史社会学という学問の扉を叩いたのである。

本書は、二〇二四年三月に博士(社会学)の学位を授与された博士論文「軍事技術とテクノ・ナショナリズムの歴史社会学」に大幅な加筆修正を施したもので、各章の初出は以下の通りである。第1章は「「ナショナルなもの」としての戦艦――戦艦建造事業を通じたナショナル・アイデンティティ構築過程の分析」(戦争社会学研究会編『戦争社会学研究』第七巻、二〇二三年)。第2章は「戦艦三笠保存運動のメディア史――国家的戦争記念物の構築過程と力学の分析」(日本メディア学会『メディア研究』一〇二巻、二〇二三年)。第3章は「戦艦「大和」をめぐるテクノ・ナショナリズム言説のメディア史的研究」(立命館大学人文科学研究所『立命館大学人文科学研究所紀要』一三三号、二〇二二年)。第4章は「軍事技術をめぐるテクノ・ナショナリズム言説の構築過程とその特質――一九六〇年代ミリタリー雑誌『丸』の事例から」(国際日本文化研究センター『日本研究』第六八集、二〇二四年)。第5章は「一九七〇～一九八〇年代の軍事雑誌『丸』における旧軍技術をめぐるテクノ・ナショナリズム言説の後景化とその要因の分析」(立命館大学人文科学研究所『立命館大学人文科学研究所紀要』一三九号、二〇二三年)。なお、第6章、第7章は書き下ろしとなっている。

本書は、立命館大学次世代研究者育成プログラムの助成による成果を含んでいる。また本書の刊行にあたって立命館大学の博士論文出版助成制度の助成を受けている。

博士論文審査にあたり、実に多くの有益なコメントをくださった先生方に深く御礼申し上げます。指導教員の福間良明先生には、元々社会学とは全く異なる分野から右も左もわからない状態で入学してきた私に、一から歴史社会学とは何か、研究とは何かをご教授いただきました。ややもすれば研究対象の細かなディティールの記述に終始してしまいがちな私に、研究対象が「どのようなものか」だけでなく「なぜ」そのように成立したのかを明らかにすることの重要性をご指導いただき、表面的な研究ではなくより深みを持った研究へと導いていただきました。また、論文への指導のみならず、研究者として自分もこうありたいという姿勢を日常的に見せていただけたことは今後の研究者人生の大きな財産です。副査の飯田豊先生、権学俊先生からはそれぞれ専門的見地から常に研究に対して鋭い指摘、示唆に富むコメントをいただきました。飯田先生からは技術と社会という観点から、科学技術というものの特徴が研究対象とどう関係するのかという点についてさまざまなアイディアをいただきました。技術水準と技術標準という技術評価とテクノ・ナショナリズムの関係性という観点は自分一人では決して思いつかなかったと思います。権先生は論文の論理展開について常に細やかにご指導いただいたことが特に印象に残っております。ある種のナショナリズムが形成されていく過程だけでなく、それが人々に内面化されていく過程にまで目を向ける必要性についてコメントをいただき、今後に向けた大きな宿題をいただけたと考えております。

また、本書の完成には、多くの方々のお力添えがありました。前所属先の指導教員であった小林昌廣先生からは、修了後も研究の発展を気にかけていただき折に触れて励ましの言葉をいただきました。また、福間ゼミにて共に学んだ先輩・同期・後輩の皆さんにも大変お世話になりました。特に角田燎さんと渡壁明さんには論文や原稿に対して日頃から有益なコメントをいただきましたし、さまざまな場面で博士号取得に向けた尊敬すべきお手本として常に背中を見せていただきました。改めて謝意を表します。

本書の出版にあたっては、新曜社の伊藤健太様に言葉に尽くせないほどのご助力を賜りました。拙稿に対し読者の視点を意識した有意義なコメントを数多く頂き、本づくりの伴走をしていただきました。初めて単著を出版する私にとってとても心強い存在でした。本当にありがとうございました。


最後に私事ではあるが、ここまでの道程を支えてくれた家族に対する感謝を記したいと思う。父は陸上自衛隊のヘリコプター整備士として定年まで勤め上げた。油に塗れつつヘリを整備し、自身が整備したヘリで急患空輸に赴いていた父の姿は、私がこのような研究をするに至るもう一つの原風景であると思う。そして、私に戦艦乗りの大伯父の存在を教えてくれた母。母はやりたいことに挑戦し続けること、挑戦を恐れないことをいつも教えてくれた。二人とも一〇年以上大学・大学院生活を続ける娘に反対するどころかいつも一番の応援者でいてくれた。そして、いつも一番近くに丸くなって寄り添って(?)くれていた愛猫のイデアとソフィア。単調になりがちな執筆作業に彩りをありがとう

（黒猫だけど）。

これらの多くの応援に、僅かながらでも本書を通じて応えることが出来ていればと切に願う。

本書を、基隆沖に眠る大伯父・谷口常雄に捧げる。

二〇二四年八月

塚原　真梨佳

尾崎主税，1935，『聖将東郷と霊艦三笠』三笠保存會．
Partner, Simon, 1999, *Assembled in Japan: Electrical Goods and the Making of the Japanese Consumer*, California: University of California Press.
坂口満宏，2001，『日本人アメリカ移民史』不二出版．
坂本多加雄・秦郁彦・半藤一利・保阪正康，2000，『昭和史の論点』文春新書．
坂田謙司，2011，「プラモデルと戦争の「知」――「死の不在」とかっこよさ」高井昌吏編『「反戦」と「好戦」のポピュラー・カルチャー』人文書院，193-225.
佐野明子，2009，「戦艦大和イメージの転回」奥村賢編『映画と戦争――撮る欲望／見る欲望』森話社，279-304.
佐藤彰宣，2021，『〈趣味〉としての戦争――戦記雑誌『丸』の文化史』創元社．
手嶋泰伸，2015，『日本海軍と政治』講談社現代新書．
塚田修一，2010，「日露戦争の記憶の"敗戦後"史――横須賀・記念艦「三笠」を中心に」『慶應義塾大学大学院社会学研究科紀要』69: 1-13.
――――，2013，「文化ナショナリズムとしての戦艦「大和」言説」『三田社会学』18: 120-33.
鷲田清一編著／佐々木幹郎・山室信一・渡辺裕，2018，『大正＝歴史の踊り場とは何か――現代の起点を探る』講談社選書メチエ．
山本理佳，2015，「大和ミュージアム設立を契機とする呉市周辺の観光変化」『国立歴史民俗博物館研究報告』193: 187-219.
山本義隆，2018，『近代日本一五〇年――科学技術総力戦体制の破綻』岩波新書．
山室建徳，2007，『軍神――近代日本が生んだ「英雄」たちの軌跡』中公新書．
大和を語る会，2003，『「大和」におもう シンポジウム全記録』ユニックス．
吉田純編／ミリタリー・カルチャー研究会，2020，『ミリタリー・カルチャー研究――データで読む現代日本の戦争観』青弓社．
吉田裕，2005，『日本人の戦争観――戦後史のなかの変容』岩波書店．
――――，2011，『兵士たちの戦後史』岩波書店．
吉見俊哉，1997，「アメリカナイゼーションと文化の政治学」井上俊・上野千鶴子・大澤真幸・見田宗介・吉見俊哉編『岩波講座 現代社会学1 現代社会の社会学』岩波書店，157-231.
吉野耕作，1997，『文化ナショナリズムの社会学――現代日本のアイデンティティの行方』名古屋大学出版会．

――――編，1995，『呉市史 第 8 巻』呉市役所.
呉市主催国防と産業大博覧会協賛会編，1936，『呉国防と産業大博覧会協賛会誌』呉市主催国防と産業大博覧会協賛会.
MacKenzie, Donald A. and Judy Wajcman eds., 1999, "Introductory Essay: The Social Shaping of Technology," Donald A. MacKenzie and Judy Wajcman, *The Social Shaping of Technology 2nd ed.*, Buckingham: Open University Press, 3–27.
前間孝則，1997a，『戦艦大和誕生 上』講談社.
――――，1997b，『戦艦大和誕生 下』講談社.
松本純，2005，「2004 年度社会経済史学会中国四国部会大会「呉海軍工廠の技術的成果と課題」について」中国四国部会事務局編『社會経済史学會中国四国部會會報』27: 1–3.
松本喜太郎，1952，『戦艦大和――その生涯の技術報告』再建社.
南守夫, 2009,「日本における戦争博物館の復活(1)戦争博物館の復活状況の概観」『戦争責任研究』65: 30–9.
――――，2010a，「日本における戦争博物館の復活(2)自衛隊関係戦争博物館問題(上)加害の隠蔽・南京と重慶」『戦争責任研究』67: 73–83.
――――，2010b，「日本における戦争博物館の復活(3)自衛隊関係戦争博物館問題(下)90 年代以降の自衛隊の社会進出」『戦争責任研究』69: 66–78.
――――，2011a，「日本における戦争博物館の復活(4)「科学・技術」の名による戦争博物館(上)所沢航空発祥記念館を中心に」『戦争責任研究』72: 81–8.
――――，2011b，「日本における戦争博物館の復活(5)「科学・技術」の名による戦争博物館(下)大和ミュージアムを中心に」『戦争責任研究』73: 60–9.
文部省編，1972，「国民精神作興ニ関スル詔」『学制百年史 資料編』帝国地方行政学会，8.
森正蔵，1946，『旋風二十年――解禁昭和裏面史 下巻』鱒書房.
内閣制度百年史編纂委員会編，1985，『内閣制度百年史 下巻』総務庁内閣官房.
中岡哲郎，2006，『日本近代技術の形成――〈伝統〉と〈近代〉のダイナミクス』朝日新聞出版.
中山茂，1995，『科学技術の戦後史』岩波書店.
――――，2005，「科学技術立国」中村政則・天川晃・尹健次・五十嵐武士編『新装版 戦後日本 占領と戦後改革 6 戦後改革とその遺産』岩波書店，105–36.
成田龍一，2010，『「戦争経験」の戦後史――語られた体験／証言／記憶』岩波書店.
小笠原臣也，2007，『戦艦「大和」の博物館――大和ミュージアム誕生の全記録』芙蓉書房出版.
小笠原臣也／広島大学文書館・小池聖一・石田雅春・平下義記編，2012，『私の人生公路――小笠原臣也回顧録』現代史料出版.
Ostry, Sylvia and Richard R. Nelson, 1995, *Techno-nationalism and Techno-globalism: Conflict and Cooperation*, Washington, D.C.: Brookings Institution.

文献

阿部潔, 2001,『彷徨えるナショナリズム――オリエンタリズム／ジャパン／グローバリゼーション』世界思想社.

外務省特別調査委員会編, 1946,『日本経済再建の基本問題 改訂』外務省調査局.

半藤一利・秦郁彦・平間洋一・保阪正康・黒野耐・戸高一成・戸部良一・福田和也, 2007,『昭和陸海軍の失敗』文春新書.

半藤一利・秦郁彦・前間孝則・鎌田伸一・戸高一成・江畑謙介・兵頭二十八・福田和也・清水政彦, 2008,『零戦と戦艦大和』文春新書.

玄武岩, 2020,「「海軍のまち」をつなぐ近代化遺産のストーリー――大和ミュージアムが表象する「戦艦大和」物語」『跨境 日本語文学研究』10: 91–110.

一ノ瀬俊也, 2015,『戦艦大和講義――私たちにとって太平洋戦争とは何か』人文書院.

――――, 2016,『戦艦武蔵――忘れられた巨艦の航跡』中公新書.

飯沼光夫, 1986,「科学技術水準の比較評価の方法と日本の水準評価」『研究 技術計画』1(1): 55–64.

今井清一, 1974,『日本の歴史(23)大正デモクラシー』中公文庫.

石川準吉, 1976,『国家総動員史 資料編 第4』国家総動員史刊行会.

伊東章子, 2003,「戦後日本社会におけるナショナル・アイデンティティの表象と科学技術」中谷猛・川上勉・高橋秀寿編『ナショナル・アイデンティティ論の現在――現代世界を読み解くために』晃洋書房, 91–113.

伊藤正徳, 1956,『大海軍を想う』文藝春秋社.

ジャパンタイムス社, 1941,『ジャパン・タイムス小史』ジャパン・タイムス社.

木村美幸, 2017,「大正期における日本海軍の恒例観艦式」『*Μεταπτυχιακά* 名古屋大学大学院文学研究科 教育研究推進室年報』11: 19–24.

小暮修三, 2008,『アメリカ雑誌に映る〈日本人〉――オリエンタリズムへのメディア論的接近』青弓社.

呉市編, 1936,『呉市主催国防と産業大博覧会誌』呉市.

呉市海事歴史科学館, 2009,『呉市海事歴史科学館 大和ミュージアム 常設展示図録 新装版』ザメディアジョン.

呉市史編纂委員会編, 1959,『呉市史 第2巻』呉市役所.

――――編, 1964,『呉市史 第3巻』呉市役所.

――――編, 1976,『呉市史 第4巻』呉市役所.

――――編, 1987,『呉市史 第5巻』呉市役所.

――――編, 1988,『呉市史 第6巻』呉市役所.

――――編, 1993,『呉市史 第7巻』呉市役所.

【ま行】

【さ行】

事項索引

人名索引

著者紹介

塚原真梨佳（つかはら　まりか）

1992年沖縄県生まれ。立命館大学大学院社会学研究科応用社会学専攻博士課程修了。博士(社会学)。現在、立命館大学アジア・日本研究所専門研究員。主な論文に「戦後七〇年の軍艦金剛会――「追憶」のためのノート」(『戦争のかけらを集めて――遠ざかる兵士たちと私たちの歴史実践』図書出版みぎわ、2024年)、「軍事技術をめぐるテクノ・ナショナリズム言説の構築過程とその特質――一九六〇年代ミリタリー雑誌『丸』の事例から」(『日本研究　第68集』国際日本文化研究センター、2024年)、「戦艦三笠保存運動のメディア史」(『メディア研究　102巻』日本メディア学会、2023年)、「「ナショナルなもの」としての戦艦――戦艦建造事業を通じたナショナル・アイデンティティ構築過程の分析」(『戦争社会学研究　第7巻』みずき書林、2023年)などがある。

戦艦大和の歴史社会学
軍事技術と日本の自画像

初版第1刷発行　2025年2月28日

著　者　塚原真梨佳

発行者　堀江利香

発行所　株式会社　新曜社
101-0051　東京都千代田区神田神保町3-9
電話 (03) 3264-4973 (代)・FAX (03) 3239-2958
e-mail : info@shin-yo-sha.co.jp
URL : https://www.shin-yo-sha.co.jp

組版所　キヅキブックス

印刷所　星野精版印刷

製本所　積信堂

ISBN978-4-7885-1870-4 C3036

新曜社の本

単一民族神話の起源
〈日本人〉の自画像の系譜
小熊英二
四六判464頁
本体3800円

〈日本人〉の境界
沖縄・アイヌ・台湾・朝鮮 植民地支配から復帰運動まで
小熊英二
A5判792頁
本体5800円

〈民主〉と〈愛国〉
戦後日本のナショナリズムと公共性
小熊英二
A5判968頁
本体6300円

1968【上】
若者たちの叛乱とその背景
小熊英二
A5判1096頁
本体6800円

1968【下】
叛乱の終焉とその遺産
小熊英二
A5判1016頁
本体6800円

占領期生活世相誌資料1
敗戦と暮らし
山本武利 監修
永井良和 編
A5判364頁
本体4500円

占領期生活世相誌資料2
風俗と流行
山本武利 監修
永井良和・松田さおり 編
A5判368頁
本体4500円

占領期生活世相誌資料3
メディア新生活
山本武利 監修
土屋礼子 編
A5判356頁
本体4500円

＊表示価格は消費税を含みません。